XINAN QIULING HANDI LIANG YOU ZUOWU
JIESHUI JIEFEI JIEYAO ZONGHE JISHU MOSHI

西南丘陵旱地粮油作物

节水节肥节药

综合技术模式

○ 张鸿 著

四川科学技术出版社

图书在版编目（CIP）数据

西南丘陵旱地粮油作物节水节肥节药综合技术模式/
张鸿著.—成都：四川科学技术出版社，2024.5

ISBN 978－7－5727－1352－1

Ⅰ.①西… Ⅱ.①张… Ⅲ.①丘陵地－干旱区－粮食
作物－田间管理－西南地区 ②丘陵地－干旱区－油料作物
－田间管理－西南地区 Ⅳ.①S51②S565

中国国家版本馆 CIP 数据核字（2024）第 103778 号

西南丘陵旱地粮油作物节水节肥节药综合技术模式

张 鸿 著

出 品 人　程佳月
责任编辑　周美池
封面设计　张维颖
责任出版　欧晓春
出版发行　四川科学技术出版社
　　　　　成都市锦江区三色路 238 号　　邮政编码　610023
　　　　　官方微博：http://weibo.com/sckjcbs
　　　　　官方微信公众号：sckjcbs
　　　　　传真：028－86361756
成品尺寸　260mm×185mm
印　　张　11　　字　数　210 千字
印　　刷　成都时时印务有限责任公司
版　　次　2024 年 5 月第一版
印　　次　2024 年 5 月第一次印刷
定　　价　100.00 元

ISBN 978－7－5727－1352－1

邮　　购：成都市锦江区三色路 238 号新华之星 A 座 25 层　邮政编码：610023
电　　话：028－86361770

《西南丘陵旱地粮油作物节水节肥节药综合技术模式》

主　著：张　鸿

著　者（排名不分先后）：

万柯均	王友富	王龙昌	尹　梅	孔凡磊	田效琴
向运佳	闫飞燕	汤永禄	芶久兰	李其勇	李　卓
李星月	李洪浩	李　晓	李朝苏	杨洪坤	杨晓蓉
杨　勤	何佳芳	邹成佳	沈学善	宋　碧	陈　华
陈尚洪	陈德西	易　军	罗　曦	周小波	周茂林
郑　亭	郑　虚	郑　燕	屈会娟	袁继超	铁万祝
徐　志	黄吉美	黄　钢	崔丽娜	符慧娟	蒋志成
程　乙	曾文明	温　静	谢小玉	樊高琼	魏会廷

前　言

西南地区是我国主要的粮油产区之一。该区域四大旱地粮油作物小麦、玉米、油菜和马铃薯种植面积占全国8%～11%左右，总产量占全国11%～14%；其中，油菜和马铃薯的种植面积和总产量占全国比例高达35%～45%。因此，综合提升该区域粮油作物绿色高质量发展水平，对于确保粮油安全与农业高质量发展具有举足轻重的地位与作用。但该区域粮油作物生产突出存在以下三个方面的问题：一是季节性干旱缺水与多雨寡照涝渍灾害交替发生、病虫草害严重，致使旱地主栽粮油作物产量低而不稳、品质不好、效益不高、生产效率与水肥药利用效率低下；二是多年采用"牺牲前后茬及周年产量保障育成品种审定"的育种思路，导致近年育成的旱地粮油作物品种熟期不断延长，化学品投入不断增加；三是该区农村劳动力与多熟种植模式发生了显著变化，机械化已成为旱地粮油作物生产发展和技术进步第一位的"瓶颈"。

2015年以来，在农业部公益性行业（农业）科研专项"西南丘陵旱地粮油作物节水节肥节药综合技术集成与示范"（项目编号：201503127）支持下，著者在四川盆地、云贵高原浅山区、广西盆地三大区域，以小麦、玉米、油菜和马铃薯四大作物为研究对象，开展了一系列的旱地主栽粮油作物节水节肥节药和增产增收增效的技术研究，集成了西南丘陵旱地节水节肥节药等综合技术模式并进行了大面积示范。本书系统总结了近年来粮油作物在西南不同生态区域开展节水节肥节药综合技术模式集成与示范的背景与原理、主要内容与技术要点、特点与创新点、应用效果等方面内容，以期为西南地区乃至相同生态区的主栽粮油作物节水节肥节药综合技术集成与示范推广提供借鉴。

本书主要面向技术人员、管理人员、新型经营主体领办人、农户等，以及有志于旱地粮油作物绿色生产技术研究的高校学生。参与本书撰稿工作的科技人员来自四川、重庆、贵州、云南、广西五省（市、自治区）的农业科研院所、高等院校等单位。在此，我们向所有参与的作者表示衷心感谢，向四川科学技术出版社对本书审稿、校稿和出版的大力支持表示诚挚敬意。

目 录
CONTENTS

四川盆地中部春玉米
田间节水节肥节药生产技术模式

一、背景与原理

（一）研究背景

西南是我国玉米三大主产区之一，四川盆地又是西南玉米的主产区之一。四川因养殖业和酿酒业发达，所以对玉米的需求量很大。虽然玉米是本区的第二大粮食作物，种植面积大，但仍产不足需，需从外地大量调入，自给率仅60%左右。因此，发展玉米生产对保障本地区的粮食安全、促进农业生产发展和乡村振兴均具有重要意义。

四川盆地玉米主要种植在丘陵山地，存在如下主要问题：①土层瘠薄，保水保肥能力差。据调查，土层厚度在20 cm以下的占28.6%，20～40 cm占42.8%，40 cm以上的只占28.6%，土壤有机质、速效氮（碱解氮）、有效磷、速效钾平均分别为18.8 mg/kg、117.0 mg/kg、14.9 mg/kg、99.1 mg/kg，处于中低水平。为了提高玉米产量，生产上普遍存在过量施用化肥的现象，尤其是氮肥，导致肥料利用率低；②生长期处于高温、高湿季节，病虫草害种类繁多且危害严重，如不加以很好防治，常造成玉米减产20%以上，严重的甚至会绝收。由于缺少科学使用农药的知识和技术，生产上普遍存在过量施用化学农药的现象。过量施用化肥和农药不仅导致成本增加、效益降低、竞争能力下降，而且还造成环境污染和资源的浪费，生态环境问题突出；③缺乏有效灌溉，季节性干旱频发。据统计，本玉米区春旱、夏旱、伏旱发生频率分别高达89%、92%、62%，平均有效灌溉面积不足10%，旱灾严重制约本区玉米产量的提高；④种植密度和机械化程度低。据调查，玉米平均种植密度不到45 000株/hm²[①]，2015年综合机械化率不足30%，其中机播率不到2%，机收率不到1%，不仅玉米产量不高，而且劳动生产率低，生产成本高，经济效益差。

针对上述问题，发展节肥、节药、抗旱节水和机械化生产技术对本地区玉米的增产、增效和环境友好具有重要作用，对促进本地区玉米生产的可持续发展具有重要

---

① 注：1 hm² = 15亩。

意义。

（二）技术原理

充分利用抗旱耐瘠与抗病抗虫玉米品种根系发达，对养分和水分吸收利用能力强、水肥利用效率高和对病虫害抵抗能力强的特性，减少化肥、农药的用量，减轻旱灾损失；应用新型优质高效和缓释肥料，减少化肥用量和施用次数，提高其利用效率；利用有机肥和秸秆还田，增加土壤有机质含量，促进微生物活动，改善土壤结构，培肥地力；施用氮肥增效剂抑制氮素的硝化作用和尿素的分解作用，减少氮肥的挥发、淋溶损失，提高氮肥的利用效率；通过集雨补灌，实现水肥耦合，达到以水促肥、减少化肥用量的目标；利用硅和磷原子结构的相似性，提高磷素的有效性，实现以硅促磷、硅磷互补，提高磷肥的利用率，并增强玉米茎秆的机械强度和抗倒能力；通过增加密度，提高玉米对养分的吸收能力，减少化肥用量；通过覆盖保墒与集雨增墒、保水剂吸水保墒等措施，增强玉米的抗旱性，减轻旱害损失；通过大粒种（耐深播）深播，充分吸收利用深层土壤的养分与水分，提高玉米的抗旱性；关键时期集雨补灌，将有限的水分利用到关键生育阶段，提高水分的利用效率；根据当地的气候生态特点，优化播种时期，躲避干旱等自然灾害对玉米关键生育时期的影响，提高玉米产量和质量；应用壮苗包衣剂对种子进行包衣，杀灭种子表面和周围土壤中的病菌、害虫，培育健壮幼苗，增强其抗病虫和非生物逆境能力，减少农药用量；选用75%异恶唑草酮水分散粒剂等高效除草剂进行一次性封闭除草，减少除草剂用量和施用次数；采用无人机或高地隙喷药机进行高效喷雾，提高喷药效果，提高农药利用率，减少农药用量。

二、主要内容与技术要点

（一）选用抗旱耐瘠、抗病抗虫与耐密宜机高产良种

良种是作物高产的基础，作物在水肥吸收利用、生物和非生物抗性方面存在显著的基因型效应。研究发现玉米抗旱耐瘠品种根系发达，活力高，肥水吸收能力强，生理代谢旺，光合能力强，干物质积累多，水肥利用率高，在肥水条件不足情况下也能获得较高的产量。因此，选择抗旱耐瘠、抗病抗虫与耐密宜机高产良种是玉米化肥减施增效、抗旱稳产、密植高产和机械化生产的经济、高效措施。2015—2019年在中江县、西充县等地的试验示范结果表明，正红311、成单30、仲玉3号等品种的抗旱耐瘠能力较强，稳产性相对较高（表1），正红6号、仲玉3号、成单30等品种的耐夏播能力相对较高，仲玉3号、正红6号和先玉1171等品种的机（械粒）收质量较高，正红505的丰产性较高，但抗倒能力相对较弱，生产中可根据当地的生态特点和生产条件，因地制宜地选用优良适用品种。

表1 2015—2019 年部分品种鉴选试验的产量

(t·hm⁻²)

2015 年 品种和处理	夏播 N225	N0	2016 年 品种和处理	夏播 N270	N216	2017 年 品种和处理	夏播 N180 中密	高密	2018 年 品种	夏播	2019 年 品种	春播	夏播
绵单 8 号	5.829	2.927	正红 6 号	5.935	5.213	正红 505	5.808a	6.004abc	先玉 1171	5.933	正红 505	7.593a	4.199bc
成单 30	6.275	3.274	正红 311	5.533	5.607	中单 808	4.806abc	4.819abcd	渝单 30	6.611	成单 30	5.560d	5.885a
雅玉 10 号	5.845	2.258	正红 505	6.902	6.746	渝单 8 号	6.364a	5.441abcd	渝单 8 号	6.234	蜀龙 13	5.994cd	3.799c
资玉 1 号	6.084	2.81	成单 30	6.783	6.553	荣玉 1510	4.771abc	5.738abcd	正红 412	7.836	仲玉 3	6.431bc	4.240bc
正红 311	6.321	3.016	川单 455	6.827	6.632	瑞玉 11	4.576abc	4.041bcd	正红 505	7.203	蠡玉 88	5.873ab	5.358ab
黔北 2 号	5.171	2.064	中单 808	6.243	6.563	渝单 30	4.569c	3.622d	正红 507	7.743	同玉 18	6.845b	4.485bc
三北 2 号	5.677	2.497	仲玉 3 号	7.196	7.336	丹玉 336	5.581ab	4.806abcd	正红 6 号	6.615	中单 808	6.389bc	4.756abc
雅玉 2 号	6.868	2.092	同玉 18	5.193	4.548	正红 6 号	5.032abc	4.867abcd	中玉 335	7.322	荣玉 1210	5.946cd	4.642bc
川单 428	6.294	2.434	蠡玉 88	6.802	6.096	郑单 958	4.770abc	6.385a	仲玉 3 号	8.895	正红 311	5.913cd	4.935abc
农大 95	6.071	2.666	荣玉 1210	7.013	6.068	粒收 1 号	4.182abc	4.914abcd	渝单 30	6.611	正红 6 号	5.532d	4.437bc
先玉 508	5.664	2.569				渝豪 6 号	5.078abc	5.338abcd					
						仲玉 3 号	5.553abc	6.431a					
						成单 30	4.134abc	4.931abcd					
						正红 211	3.428bc	4.369abcd					
						正红 431	4.211abc	5.720abcd					
						先玉 1171	3.194abc	4.006abcd					
						延科 288	5.668ab	6.209ab					
						国豪玉 7	4.717abc	5.251abcd					
						华试 919	3.671abc	4.134bcd					
						蠡玉 16	5.300abc	5.226abcd					

（二）适期播种抗逆避灾

播期不同不仅使得作物每一个生长阶段所处的季节和获得的光温水等气候资源不同，导致作物的生长发育状态有差异，而且可能遭遇的高温、干旱、大风、暴雨等自然灾害的概率也不同，因此适期播种不仅是玉米高产高效的有效措施，也是抗逆稳产的重要技术途径。2016 年在中江县进行的播期试验（从 3 月 26 日至 6 月 24 日，每 15 天一个播期）表明，玉米籽粒产量（Y）随播期（X，自 3 月 26 日后的天数）推迟先略增后迅速降低，二者呈二次凸函数关系，回归方程分别为：$Y_{正红505} = 8\,292 + 53.416X - 1.216\,7X^2$（$R^2 = 0.949\,4^{**}$）和 $Y_{成单30} = 7\,302.5 + 70.233X - 1.268\,8X^2$（$R^2 = 0.947\,8^{**}$），在 4 月上中旬播种可以获得高产稳产，但在 5 月 10 日之前播种，因播期推迟而造成的减产幅度较小，之后播种就会大幅减产。因此，春播应适时早播，夏播应及时早播。

（三）适度增密优配

四川丘陵旱地传统生产上以"小麦/玉米/大豆（甘薯）"等多熟种植模式为主，玉米多套作春播，以"双 30"中厢（带宽 2.00 m，小麦带 1.00 m 即 3.0 市尺① 种 5 行小麦，玉米带 1.00 m 即 3.0 市尺种 2 行玉米）最普遍，也有一定面积的中厢"双 25"（带宽 1.67 m，小麦带 0.83 m 即 2.5 市尺种 4 行小麦，玉米带 0.83 m 即 2.5 市尺种 2 行玉米）和"2535"（带宽 2.00 m，小麦带 0.83 m 即 2.5 市尺种 4 行小麦，玉米带 1.17 m 即 3.5 市尺种 2 行玉米）、宽厢"双 60"（带宽 4.00 m，小麦带 2.00 m 即 6.0 市尺种 11 行小麦，玉米带 2.00 m 即 6.0 市尺种 4 行玉米）和窄厢"0624"（带宽 1.00 m，小麦带 0.20 m 即 0.6 市尺种 2 行小麦，玉米带 0.80 m 即 2.4 市尺种 1 行玉米），密度比较低，大多不足 45\,000 株/hm²。在阆中市、中江县进行的研究表明，宽厢"5070"（带宽 4.00 m，小麦带 1.67 m 即 5.0 市尺种 8 行小麦，玉米带 2.33 m 即 7.0 市尺种 4 行玉米）的玉米产量较高，其小麦和玉米幅宽均较大，有利于机械化作业，与"双 60"相比，中间两行玉米的行距扩大，提高了通风透光性，同时减少了苗期与小麦相互间对水肥光等的竞争，增强了对干旱等不良环境的抵抗能力，有利于高产稳产，同时也有利于籽粒快速脱水，实现机械化收获；中厢"4050"（带宽 3.00 m，小麦带 1.33 m 即 4.0 市尺种 6 行小麦，玉米带 1.67 m 即 5.0 市尺种 3 行玉米）和"双 30"模式的玉米产量也较高，而且"双 30"模式的小麦和大豆产量也较高，因而周年产量较高，但带宽相对较小，只适合于小型机械化作业。无论是中厢还是宽厢，玉米适宜种植密度均为 60\,000 株/hm²，即间套作玉米应采用中宽厢增密优配。

近年来为了适应机械化生产和规模化经营的需要，在一些高温伏旱相对较轻的地

---

① 注：1 市尺 = 33 cm。

区，正大力发展"小麦—玉米"和"油菜—玉米"等新型两熟模式，玉米由套作春播变为净作夏播，其株行距和密度也需要做相应调整。在中江县进行的试验结果表明，净作夏玉米产量以密度 67 500 株/hm² 、60 cm 等行距种植最高，密度过低，田间漏光多，玉米产量不高，但密度过高，容易发生倒伏，尤其是遭遇到大风暴雨时。60 cm 等行距与当前大多数播种机和收获机匹配，因而有利于提高机械化作业的效果和效率。因此，净作夏玉米要缩行增密优配（表2）。

表2　种植密度和田间配置方式对玉米产量的影响

行距配置/cm	45 000/（株·hm⁻²）		67 500/（株·hm⁻²）		90 000/（株·hm⁻²）
	2017 年	2018 年	2017 年	2018 年	2018 年
60 + 60	7 080. 28 a	7 475. 55 a	8 617. 63 a	8 783. 38 a	7 090. 71 b
80 + 40	6 968. 19 a	7 128. 53 b	8 425. 19 a	8 351. 56 b	6 888. 06 b
80 + 80	6 889. 22 ab	7 185. 98 b	8 190. 65 a	7 994. 91 c	7 094. 03 b
110 + 50	6 542. 59bc	7 046. 00 b	7 639. 54 b	8 200. 29 b	7 665. 79 a
100 + 100	6 494. 62 c	—	7 390. 68 b	—	—

适度增密可以充分发挥群体增产效应，在适量减施化肥条件下也不会减产，因此，可以通过适度增密来适量减施氮化肥，即增密减氮（表3），从而提高氮肥的利用率和玉米的经济效益。

表3　氮密互作对玉米籽粒产量及其氮肥利用的影响

处理		2017 年	2018 年				2019 年			
		籽粒产量/（kg·hm⁻¹）	籽粒产量/（kg·hm⁻¹）	NDMPE/（kg·kg⁻¹）	NUE/%	NPFP/（kg·kg⁻¹）	籽粒产量/（kg·hm⁻¹）	NDMPE/（kg·kg⁻¹）	NUE/%	NPFP/（kg·kg⁻¹）
D1	N240	8 423. 7a	8 094. 7a	88. 50b	17. 68b	33. 69c	7 665. 6a	85. 40a	21. 75b	31. 93c
	N180	8 306. 6ab	8 091. 8ab	90. 61b	19. 61b	44. 98b	7 655. 3a	87. 20a	23. 20b	42. 54b
	N120	8 044. 2abc	7 998. 0abc	90. 80b	24. 06a	66. 60a	7 356. 5a	89. 09a	30. 79a	63. 37a
	N0	7 521. 8ac	7 734. 9ac	100. 12a	—	—	6 989. 4b	99. 47a	—	—
	av.	**8 074. 1c**	**7 979. 9a**	**92. 51a**	**20. 45b**	**48. 42a**	**7 416. 7a**	**90. 29a**	**25. 25b**	**45. 95a**
D2	N240	9 987. 2a	8 290. 1a	91. 79b	18. 16b	34. 67c	8 569. 6a	86. 81a	32. 91b	35. 69c
	N180	9 702. 7ab	8 301. 0a	92. 65b	20. 10b	46. 09b	8 490. 6a	89. 07a	34. 55ab	47. 13b
	N120	8 910. 8bc	8 178. 9a	93. 98ab	24. 56a	68. 39a	7 946. 3b	89. 42a	36. 54a	66. 20a
	N0	8 437. 5c	8 204. 8a	101. 74a	—	—	7 227. 6c	100. 72a	—	—
	av.	**9 259. 5b**	**8 243. 7a**	**95. 04a**	**20. 94b**	**49. 72a**	**8 058. 5a**	**91. 51a**	**34. 66a**	**49. 67a**
D3	N240	11 406. 0a	8 703. 6a	92. 42a	29. 74b	36. 31b	8 773. 4a	88. 77b	33. 01b	36. 57c
	N180	11 237. 9ab	7 103. 7b	95. 36a	35. 39b	39. 46b	8 363. 1a	90. 56ab	34. 94b	46. 46b
	N120	10 076. 2bc	6 706. 9b	96. 08a	36. 68a	55. 89a	8 205. 3a	89. 80b	47. 29a	68. 41a
	N0	9 642. 2c	6 229. 0c	100. 56a	—	—	7 414. 7b	107. 68a	—	—
	av.	**10 590. 6a**	**7 185. 8a**	**96. 11a**	**33. 94a**	**43. 89a**	**8 189. 73a**	**94. 20a**	**38. 41a**	**50. 48a**

注：D1（当地正常密度）、D2（增密1）和D3（增密2）的种植密度分别为 52 500 株/hm²、67 500 株/hm² 和82 500 株/hm²；NDMPE、NUE 和 NPFP 分别为氮素干物质生产效率、氮肥表观利用效率和氮肥偏生产力。

适宜的种植密度不仅因种植模式（间套作与净作）而异，还应根据播期进行适当调节，四川盆地大多数地区净作春播高产适宜密度为 67 500～75 000 株/hm²，但 5 月中旬以后的夏播容易遭遇夏季的大风暴雨而发生倒伏，在夏季多大风暴雨的区域应适当降低密度，以 60 000 株/hm² 左右较适宜。

（四）采用肥料增效减施技术

1. 新型肥料减量减次

缓控释肥因养分释放较缓慢，在田间挥发、淋失较少，利用率较高，可减量增效，而且肥效较稳长，在土层相对较厚、土壤较肥沃、保水保肥能力较强的土地上还可一次性基施，减少追肥用工，节省劳力和成本。但为了满足玉米前期对养分的需求，也需要一定的速效化肥，因此缓释与速效化肥应搭配施用，或购买优质专用配方肥，氮肥可选择普通 25%～50% 尿素和 75%～50% 包膜尿素配施（表 4），或四川美丰化工股份有限公司生产的专用种肥缓控释肥（N－P－K 为 10－17.5－12.5）40 kg/亩作底肥＋专用追肥（N－P－K 为 20－10－10）40 kg/亩于大喇叭口期施用。

表 4　缓速氮肥配比对玉米产量及其肥料利用率的影响

施肥方式	控氮比	2014 年				2015 年			
		产量/(kg·hm⁻²)	氮肥农学效率/(kg·kg⁻¹)	氮肥表观利用率/%	土壤氮的依存率/%	产量/(kg·hm⁻²)	氮肥农学效率/(kg·kg⁻¹)	氮肥表观利用率/%	土壤氮的依存率/%
CK		7 334.2	—	—	—	5 458.16	—	—	—
一次基施	CRU0	9 386.7 b	9.12 b	27.67 e	64.70 a	6 438.9 b	4.36 b	31.93 d	60.50 a
	CRU1	9 981.5 ab	11.76 ab	32.36 de	61.11 a	7 176.6 ab	7.64 ab	37.27 cd	56.61 ab
	CRU2	10 274.2 ab	13.07 ab	39.65 cd	56.15 b	7 673.4 a	9.84 a	43.13 abcd	53.17 abcd
	CRU3	10 521.2 a	14.16 a	42.77 bc	54.31 bc	7 828.7 a	10.54 a	56.61 ab	46.04 d
	CRU4	9 829.4 ab	11.09 ab	42.80 bc	54.23 bc	7 521.8 a	9.17 a	49.76 abc	49.11 bcd
两次施肥	CRU0	9 717.8 ab	10.59 ab	31.59 e	61.64 a	6 855.7 ab	6.21 ab	40.20 bcd	54.45 abc
	CRU1	9 763.3 ab	10.79 ab	43.15 bc	54.05 bc	6 895.9 ab	6.39 ab	44.18 abcd	52.24 abcd
	CRU2	10 055.3 ab	12.09 ab	49.19 ab	50.77 cd	7 126.6 ab	7.42 ab	45.71 abcd	52.28 abcd
	CRU3	10 254.8 ab	12.98 ab	53.40 a	48.75 d	7 576.6 a	9.41 a	55.50 ab	46.96 cd
	CRU4	9 535.4 ab	9.78 ab	47.74 bc	52.05 bcd	7 119.0 ab	7.38 ab	45.74 abcd	51.47 bcd

CK 不施氮，CRU0、CRU1、CRU2、CRU3 和 CRU4 分别为控释尿素点 0%、25%、50%、75% 和 100%，氮肥用量为 225 kg/hm²；两次施肥为底肥:攻苞肥＝6:4。

2. 有机肥替代增效减施

有机肥不仅含有作物生长发育所需的各种矿质营养元素，养分间比例协调，肥效稳长，而且因富含有机物质而可以改良、培肥土壤，生态效益显著。研究表明，增施 1 500～3 000 kg/hm² （生物、商品）有机肥可提高土壤酶活性，增加微生物量碳和活性有机碳，提高土壤速效养分含量，促进玉米生长发育，增加干物质和氮素吸收积累量，提高玉米产量和氮肥利用率，可在传统方式基础上减施氮化肥 10%～20% （表 5）。由于商品有机肥价格较高，有条件的地方可以增施 15 000～30 000 kg/hm²农家肥，以进一步降低生产成本，提高经济效益。

表 5　有机肥与化肥对玉米产量及氮肥利用率的影响

处理		2016 年				2017 年			
		产量/ (kg · hm⁻²)	氮肥农 学利用率 /%	氮肥偏 生产力/ (kg · kg⁻¹)	氮肥 贡献率 /%	产量/ (kg · hm⁻²)	氮肥农 学利用率 /%	氮肥偏 生产力/ (kg · kg⁻¹)	氮肥 贡献率 /%
CK₀		2 206.83C	0	0	0	3 509.33B	0	0	0
CK₁		8 215.03A	22.92A	30.42B	71.18A	7 111.05A	9.61B	27.50C	49.91B
A₁	B₀	7 293.06bc	22.53c	33.76c	69.77c	6 431.38ab	13.52bc	28.43d	47.35cd
	B₁	8 699.20ab	31.12ab	41.01ab	74.73ab	7 709.90a	20.72a	38.27bc	56.35b
	B₂	8 710.83a	33.59a	43.48a	76.51a	8 240.08a	24.10a	40.49a	58.73a
	Av.	8 234.36AB	29.08A	39.42A	73.67A	7 460.45A	19.45A	35.73B	54.14A
A₂	B₀	6 495.42d	25.89bc	39.12ab	66.19d	6 363.89b	12.94c	37.81c	45.53d
	B₁	7 345.92c	29.29abc	38.95b	70.15c	6 722.84b	19.83ab	39.62abc	48.66c
	B₂	8 006.90c	27.79abc	37.44bc	72.62b	6 811.28b	20.38a	40.00ab	48.43c
	Av.	7 282.74B	27.65A	38.51A	69.65B	6 632.67A	17.72AB	39.14A	47.54B

CK₀：不施；CK₁：氮 100%，即 270 kg/hm²；A₁：减氮 20%；A₂：减氮 40%；B₀：不施有机肥；B₁：普通有机肥1 500 kg/hm²；B₂：生物有机肥 1 500 kg/hm²。

3. 氮肥增效剂增效减施

脲酶抑制剂能够抑制土壤脲酶活性，延缓尿素水解而减少挥发、淋溶损失；硝化抑制剂能够抑制硝化细菌（亚硝酸细菌）活动，减少铵态氮肥变成硝态氮而淋失，提高玉米后期土壤速效氮含量，促进玉米生长发育和对氮素的吸收利用，从而提高玉米产量。因此，配施适宜的脲酶抑制剂和硝化抑制剂均可在一定程度上提高氮肥的利用率，以混配施用 0.5% 纯氮量的硝化抑制剂三氯甲基吡啶（商品名 "伴能"）效果最好（表 6）。

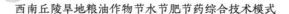

表6 氮肥增效剂对土壤速效氮含量（mg/kg）和玉米产量（kg/hm²）的影响

处理		2016 年					2017 年				
		硝态氮		铵态氮		玉米产量	硝态氮		铵态氮		玉米产量
		13 天	吐丝期	13 天	吐丝期		13 天	吐丝	13 天	吐丝期	
CK		2.44B	3.15C	0.31B	0.15C	3 684.81C	3.53B	3.69C	0.49B	0.27C	6 218.16C
A₁	B₁	49.13b	17.57ab	15.56b	0.78ab	7 928.95ab	53.76a	19.16a	16.67b	1.54ab	7 611.43ab
	B₂	18.84a	5.13a	77.25a	2.45a	8 955.03a	19.25c	4.82de	74.11a	5.66a	8 774.60a
	B₃	16.37ab	6.11ab	74.75ab	2.16ab	8 580.88ab	18.03c	6.33d	71.87ab	4.15ab	8 388.03ab
	B₄	29.59ab	15.59ab	26.32ab	0.59ab	8 299.32ab	32.47b	16.69bc	29.13ab	2.47ab	8 099.89ab
	B₅	17.02a	3.13a	79.49a	2.51a	8 900.23a	17.88c	4.05e	76.32a	6.87a	8 811.42a
	av.	26.19A	9.21A	54.67A	1.70A	8 532.88A	28.28A	10.21A	53.62A	4.14A	8 327.07A
A₂	B₁	43.43c	13.55c	11.84c	1.55c	6 755.48c	46.48a	15.82bc	15.47c	0.94c	6 712.21c
	B₂	15.51b	4.37ab	60.65b	2.07ab	8 083.90ab	16.88cd	5.54d	61.53b	3.38ab	7 839.68ab
	B₃	13.08b	4.32bc	58.51b	1.83bc	7 745.65bc	12.16d	5.43d	57.34b	2.72bc	7 455.06bc
	B₄	26.65b	11.87bc	16.75b	0.27bc	7 511.34bc	28.73b	13.53c	14.15b	1.29bc	7 335.63bc
	B₅	14.22b	4.78ab	63.03b	1.91ab	7 979.97ab	15.17cd	4.25e	62.29b	3.88ab	7 784.54ab
	av.	21.98A	8.15B	42.21A	1.53B	7 615.27B	24.12A	8.91B	42.16A	2.44B	7 425.42B

CK：不施氮肥；A₁：全氮（270 kg/hm²）；A₂：减氮20%；B₁：不施增效剂；B₂：三氯甲基吡啶；B₃：双氰胺；B₄：氢醌；B₅：双氰胺与氢醌复配。

4. 水肥耦合增效减施

土壤水分和养分之间存在一定协同、耦合效应，有条件的区域和地块在干旱时适量灌溉可以发挥以水促肥、以肥促水的互促增效作用，从而提高化肥和水分的利用率。在中江县的研究表明，在灌水 750（B₂）和 1 125 m³/hm²（B₃）、减氮25%（N₁₈₀）条件下产量可达全氮不灌条件（N₂₄₀B₀，大面积生产上主推技术）产量水平（表7），由此表明，创造条件集雨补灌，充分发挥水肥耦合效应是提高玉米产量的有效措施，也是节肥增效的重要手段。

在没有灌溉条件的地区，采用地膜或秸秆粉碎覆盖保墒，也可以在一定程度上缓解旱情，促进玉米生长和对养分的吸收利用，从而提高肥料利用率。

表7 水氮耦合对玉米产量及其水肥利用率的影响

		Yield/ (kg·hm⁻²)	NAE/ (kg·kg⁻¹)	NPFP/ (kg·kg⁻¹)	NUTE/ (kg·kg⁻¹)	NDMPE/ (kg·kg⁻¹)	ANLE /%	WUE1/ (kg·mm⁻¹)	WUE2/ (kg·mm⁻¹)
N₀		6 984.96B	—	—	75.64A	2.48A	—	9.70B	16.65C
N₁₈₀	B₀	9 468.52e	13.80a	51.60ab	66.47a	1.83a	42.35a	12.71b	18.36d
	B₁	9 890.24de	16.14a	54.95a	58.6.27b	1.72b	30.54d	12.48bc	19.38c
	B₂	9 975.73cde	16.62a	55.42a	53.37c	1.70c	23.93f	11.52de	19.29c
	B₃	10 021.61bcd	16.87a	56.34a	49.72cd	1.65cd	23.13f	11.31e	19.22c
	av.	9 839.02A	15.86A	54.58A	56.96AB	1.73B	30.00A	12.00AB	19.06B

续表

		Yield/ (kg·hm^{-2})	NAE/ (kg·kg^{-1})	NPFP/ (kg·kg^{-1})	NUTE/ (kg·kg^{-1})	NDMPE/ (kg·kg^{-1})	ANLE /%	WUE1/ (kg·mm^{-1})	WUE2/ (kg·mm^{-1})
N$_{240}$	B$_0$	10 337.24bcd	13.97a	49.39b	51.10cd	1.68bc	39.31b	13.33a	23.01a
	B$_1$	10 518.76b	14.72a	53.23ab	49.13d	1.59d	32.00cd	12.35bc	20.91b
	B$_2$	11 097.75a	17.14a	54.01ab	50.34cd	1.60d	33.94c	12.84ab	21.39b
	B$_3$	10 461.75bc	14.49a	53.17ab	41.82e	1.50e	27.10e	11.98cd	22.49b
	av.	10 603.88A	15.08A	52.45A	48.10B	1.59C	33.09A	12.62A	21.95A

注：B0－B3 分别为灌水量 0、375 m³/hm²、750 m³/hm² 和 1 125 m³/hm²；NAE、NPFP、NUTE、NDMPE、ANLE、WUE1、WUE2 分别为氮肥农学效率、偏生产力、氮素利用率、干物质生产率、表观损失率、水分利用效率（籽粒产量）、水分利用效率（干物质产量）。

5. 硅磷互促增效减施

土壤中的磷很容易被固定而失去其有效性，尤其是在碱性土壤中。硅肥可改善土壤化学性质，使土壤释放速效磷或从土壤中置换出磷素为玉米利用，从而提高磷肥的有效利用率。在简阳和中江的研究表明，每公顷增施 75 kg 优质硅肥（SiO$_2$）可以较好地实现以硅促磷的作用，并显著提高玉米对氮肥和钾肥的吸收利用率。生产上可以采用 P$_{60}$Si$_{75}$（60 kg/hm²P$_2$O$_5$ ＋75 kg/hm²SiO$_2$）组合模式，玉米产量和经济效益以及肥料利用率均较高（表8）。

表8　硅磷配施对玉米产量及养分利用率的影响

磷肥 水平	硅肥 水平	产量/ (kg·hm^{-2})	养分利用率/（kg·kg^{-1}）			
			N	P	K	Si
P$_0$	Si$_0$	6 137.52b	44.07a	366.04a	36.26a	56.71a
	Si$_{37.5}$	6 343.93ab	41.39b	353.38a	36.48a	46.19b
	Si$_{75}$	6 581.14a	37.58c	283.89b	33.26b	42.34c
	av.	6 354.20C	41.01A	334.44A	35.33A	48.41A
P$_{30}$	Si$_0$	7 129.47b	46.03a	375.60a	38.29a	49.14a
	Si$_{37.5}$	7 161.17b	39.63b	294.88b	35.55b	41.97b
	Si$_{75}$	7 478.19a	40.88b	299.32b	36.00ab	42.80b
	av.	7 256.28B	42.18A	323.27A	36.61A	44.64A
P$_{60}$	Si$_0$	7 397.80b	41.16a	352.48a	36.32a	40.94a
	Si$_{37.5}$	7 733.44a	42.16a	313.60b	34.84ab	36.91b
	Si$_{75}$	7 790.63a	40.21a	282.43b	33.16b	33.37c
	av.	7 640.62AB	41.18A	316.17A	34.77A	37.07B
P$_{90}$	Si$_0$	7 425.15b	42.69a	345.10a	35.00a	40.42a
	Si$_{37.5}$	7 541.50b	41.19ab	281.40b	35.83a	36.36b
	Si$_{75}$	8 015.96a	38.38b	267.82b	32.04b	30.33c
	av.	7 660.87A	40.75A	298.11A	34.29A	35.71B

6. 改进施肥方法

矿质养分需要溶解于土壤溶液中才能被植物根系吸收利用，促进其生长发育。在土壤表面干施的化肥，作物是无法吸收利用的，只能被分解、释放到环境中去，这不仅是一种资源的浪费，还会造成环境的污染。因此，生产上化肥应尽量避免干施、表施，尽量溶于水肥中施用或在土壤墒情适宜时借助于一定机具深施入土壤中。

此外还应注意施肥的位置，可借助于适宜机具实行侧身精准施肥，尽量避免撒施等落后的施肥方法。

（五）采用抗旱集雨节水技术

四川盆地丘陵玉米区主要是雨养农业区，缺少有效灌溉条件和设施，生产中应以抗旱节水为主，有条件的区域可修建山平塘等小型水利设置，关键时期集雨补灌。

1. 覆盖保墒抗旱节水

塑料薄膜由于气密性强，覆盖地面后能显著地减少土壤水分蒸发，使土壤湿度稳定，并能长期保持湿润，有较强的保墒抗旱作用。前茬作物秸秆粉碎后覆盖于土壤表面也有一定的抑蒸保墒作用，并有利于集纳雨水，因而也有一定的抗旱作用，同时实现了秸秆的资源化利用，增加了土壤有机质，具有一定的改良、培肥土壤的作用，是农业生产的主推技术之一。

在中江县进行的试验表明，覆盖薄膜可在一定程度上保墒，并产生一定的水肥耦合效应，从而促进玉米生产，进而提高玉米产量和氮肥利用率，尤其是地膜覆盖，减氮20%条件下覆盖地膜可以达到甚至超过全氮不覆盖处理的产量（表9）。

表9　氮肥与覆盖对玉米产量及氮肥利用率的影响

处理		2016 年				2017 年			
		产量/ (kg·hm^{-2})	NBPE/ (kg·kg^{-1})	NPEP/ (kg·kg^{-1})	NAE/ (kg·kg^{-1})	产量/ (kg·hm^{-2})	NBPE/ (kg·kg^{-1})	NPEP/ (kg·kg^{-1})	NAE/ (kg·kg^{-1})
CK		4 638.4	81.25	—	—	6 768	81.63	—	—
N6	JG	7 307.1 de	55.55 d	37.42 a	17.85 a	7 568.2 c	80.51 a	39.90 ab	10.39 ab
	DM	7 367.6cde	55.52 d	39.52 a	17.85 a	8 019.6 abc	81.96 a	45.75 a	16.24 a
	NO	6 780.7 e	57.61 a	32.55 b	16.30 a	7 440.7 c	85.09 a	36.09bc	6.58 b
	av.	**7 151.8 B**	**56.23 B**	**33.8 A**	**17.3 A**	**7 676.2 B**	**82.5 A**	**40.58 A**	**11.07 A**
N8	JG	8 060.6 b	63.16 b	33.30 b	17.05 a	7 524.1 c	80.55 a	32.80bcd	10.67 ab
	DM	8 434.1 ab	58.99 c	32.76 b	16.51 a	8 481.1 a	83.63 a	37.97 ab	15.84 a
	NO	7 958.5bcd	57.76 c	31.76 c	15.51 a	8 171.6 ab	83.89 a	36.29 b	14.16 ab
	av.	**8 151.1 A**	**59.97 A**	**30.5 B**	**16.4A**	**8 059.0 A**	**82.7 A**	**35.69 B**	**13.55 A**

续表

处理		2016 年				2017 年			
		产量/ (kg·hm⁻²)	NBPE/ (kg·kg⁻¹)	NPEP/ (kg·kg⁻¹)	NAE/ (kg·kg⁻¹)	产量/ (kg·hm⁻²)	NBPE/ (kg·kg⁻¹)	NPEP/ (kg·kg⁻¹)	NAE/ (kg·kg⁻¹)
N10	JG	7 998.1bc	58.21 d	30.93 b	17.93 a	7 469.7 c	82.03 a	26.98 d	9.27 ab
	DM	8 846.5 a	51.62 e	31.81 b	18.01 a	8 528.8 a	82.28 a	28.26 cd	10.55 ab
	NO	8 327.8 ab	59.93 c	29.99 b	16.99 a	7 875.2bc	85.57 a	27.60 d	9.89 ab
	av.	8 390.8 A	56.59 B	30.9 B	17.6 A	7 957.9 AB	83.3 A	27.61 C	9.91 A

注：CK、N6、N8 和 N10 分别为不施氮不覆盖、减氮 40%、减氮 20% 和全氮（2016 年为 270 kg/hm²，2017 年为 300 kg/hm²），JG、DM 和 NO 分别为秸秆覆盖、地膜覆盖和不覆盖，NBPE、NPEP、NAE 分别为氮肥干物质生产率、氮素偏生产力与氮肥农学效率。

2. 大粒种深播抗旱节水

土壤中的水分分布是不均匀的，通常深层土壤水分含量较表层土壤高，适当深播可以充分利用深层土壤中的水分和养分，促进根系生长，增强根系吸收能力，增强其抗旱性和光合作用，增加干物质积累，从而提高玉米产量（表10）。但深播会增加种子出苗难度，影响出苗率，容易形成弱苗，因此需要精细整地，提高播种质量，避免大土块覆盖影响出苗。此外，大粒种因种子贮藏养分较多，活力较强，发芽出苗率高，幼苗相对健壮，可以减小深播对玉米苗期的影响，因此大粒种深播是增强玉米抗旱性的重要措施之一，可根据品种特点和土壤特性，选用孔径 φ7.5 mm 以上筛孔精选加工中大粒种，播深 6~10 cm。

表 10　籽粒大小和播种浓度对玉米干物质积累和产量的影响

年度 /年	处理		干重						产量/ (kg·hm⁻²)
			三叶期	五叶期	七叶期	大口期	吐丝期	成熟期	
2015	A₁	B₁	0.158ab	0.89bc	9.58cd	71.15b	182.16b	226.64bc	5 970.4abc
		B₂	0.165a	0.99b	10.84b	83.22a	205.64ab	276.75ab	6 599.0ab
		B₃	0.163a	1.14a	12.19a	83.13a	235.33a	318.43a	7 026.4a
		av.	0.162a	1.01a	10.87a	79.17a	207.71a	273.94a	6 531.9a
	A₂	B₁	0.146bc	0.66e	7.95e	57.06c	194.34b	220.30c	5 900.5bc
		B₂	0.162ab	0.81cd	8.68de	71.20b	202.99ab	258.48bc	6 092.5abc
		B₃	0.134c	0.96b	10.70bc	79.18ab	209.85ab	249.98bc	6 611.8ab
		av.	0.147b	0.81b	9.11b	69.15b	202.39a	242.92b	6 201.6a
	A₃	B₁	0.095d	0.51f	7.88e	58.48c	191.23b	207.07c	5 396.7c
		B₂	0.133c	0.69de	8.14e	72.82ab	183.85b	256.60bc	6 000.6abc
		B₃	0.097d	0.39f	8.36e	70.12b	212.88ab	254.98bc	6 544.2ab
		av.	0.108c	0.53c	8.13c	67.14b	195.99a	239.54b	5 980.5a

续表

年度/年	处理		干重						产量/（kg·hm⁻²）
			三叶期	五叶期	七叶期	大口期	吐丝期	成熟期	
2016	A₁	B₁	0.250c	1.319b	10.58bcd	44.83de	118.47cd	251.43bc	5 126.47ef
		B₂	0.332a	1.481ab	14.49abc	52.60b	120.26c	264.20bc	5 759.18cd
		B₃	0.280b	1.771a	15.74a	65.53a	168.84a	309.80a	6 711.12a
		av.	0.287a	1.524a	13.60a	54.32a	135.86a	275.14a	5 865.59a
	A₂	B₁	0.240c	1.243bc	12.02abcd	44.97cde	122.57c	260.33bc	5 482.91de
		B₂	0.314ab	1.467ab	15.08ab	50.80bcd	126.69bc	269.60abc	5 858.27bcd
		B₃	0.276bc	1.327b	13.20abcd	59.63a	149.34ab	276.33ab	6 347.97ab
		av.	0.277a	1.346a	13.44a	51.80a	132.87a	268.76a	5 896.38a
	A₃	B₁	0.172d	0.735d	8.51d	40.30e	94.59d	230.93c	4 746.45f
		B₂	0.187d	0.891cd	12.92abcd	47.13bcd	103.98cd	247.07bc	5 359.06de
		B₃	0.166d	0.658d	10.21cd	51.57bc	117.23cd	271.13abc	6 114.11bc
		av.	0.175b	0.762b	10.55b	46.33b	105.27b	249.71a	5 406.54b

注：A1、A2 和 A3 分别为大、中、小粒种，B1、B2、B3 分别为播深 2 cm、6 cm、10 cm。

3. 保水剂抗旱节水

保水剂是一种具有超高强吸水和保水能力的高分子聚合物，具有效果持久、安全、保蓄水分和养分、改善土壤结构、提高水肥利用率等性能。在中江县进行的试验表明（表11），施用保水剂可提高不同时期土壤的含水量，促进玉米生长，增加干物质积累，从而提高玉米籽粒产量，其中以施用 30 kg/hm² 保水剂 PAM（聚丙烯酰胺）的效果相对较优。

表 11 保水剂对土壤水分、玉米干物质积累和产量的影响

处理	0~10 cm 土层含水量			10~20 cm 土层含水量			单株干物质/g			产量/（kg·hm⁻²）
	7月6日	8月6日	8月13日	7月6日	8月6日	8月13日	大口期	吐丝期	成熟期	
T1	15.52a	13.69a	14.49a	20.36a	15.88a	16.11a	159.38a	298.30a	401.98a	9 947.13a
T2	14.82a	13.65a	14.03a	19.88a	15.1b	15.28ab	149.31ab	256.57d	376.01ab	9 377.69ab
T3	14.23ab	13.51a	13.48b	20.69a	15.08b	15.08ab	128.10cd	275.46c	346.84bc	8 549.58b
T4	13.56abc	13.34a	13.08ab	20.23a	15.04b	14.74b	137.57bc	293.73ab	379.03ab	9 140.33ab
T5	12.48bc	13.32a	13.00ab	20.80a	13.99c	14.2bc	149.26ab	282.20bc	385.48ab	9 511.25ab
CK	11.75c	10.87b	11.24b	19.96a	13.63c	13.49c	116.05d	232.52e	314.23c	8 345.39b

注：T1－T5 分别为 PAM、沃特、SAP、沃特＋PAM、SAP＋PAM。

4. 集雨补灌与避旱

解决玉米干旱胁迫、提高水分利用率最根本的办法是兴修农田水利设施，实施科学灌溉。没有大型水利设施的地区，可以充分利用附近的溪沟、小河进行灌溉，或因地制宜修建各种形式的堰塘或山平塘进行集雨补灌。

此外，改革种植制度（模式），改善生产条件，调整玉米播期，躲避高温干旱对抽穗扬花期等关键生育时期的危害也是一种行之有效的技术措施。就四川盆地丘陵区而言，玉米应适时早播避灾，南充、内江等川东南地区3月中下旬播种，中江、三台、简阳等龙泉山脉地区一带4月上旬播种。播种过早，因温度低、生长慢，易形成弱苗，尤其是在间套作条件下，容易受前作的荫蔽影响；播种过晚，因温度高、生长快，生育期缩短，可能导致因干物质积累少而减产，而且抽穗散粉期还容易受高温伏旱的影响。如需夏播，应在前作收获后及早播种，力争在5月中上旬前播完种。

（六）采用高效减药技术

1. 种子包衣壮苗抗病虫

种子包衣是在种子表面包上一层种衣剂，因种衣剂含有高效农药、微肥和生长调节剂等有益化学成分，不仅对种子进行了消毒杀菌，还在种子周围形成一层防虫治病的保护屏障，避免了土传病虫害的侵袭，而且可以促进种子萌发生长，形成健壮幼苗，是一种费省效宏的方法。目前生产上的种衣剂种类较多，其化学成分、使用效果差异较大，应选择正规商家的优质种衣剂包衣。可选用四川红种子高新农业有限责任公司生产，含有克百威、戊唑醇等高效杀虫与杀菌剂的种衣剂，并加适量 S_{3307}（烯效唑）等 PGRs 生根壮苗，不仅可以起到较好的消杀作用，而且可以矮化壮苗，增强玉米苗的抗病虫能力，减少化学农药的使用。

2. 新型高效除草剂封闭除草

四川盆地玉米季高温高湿，草害严重，除草剂是玉米施用最多的化学农药，选用高效除草剂是减少除草用量和次数的有效措施。研究表明，每公顷用120～150 g，75%异恶唑草酮水分散粒剂进行播后芽前封闭除草，药后15天和30天对藜、马唐、铁苋菜、狗尾草等四川盆地玉米田主要杂草的株防效和鲜重防效均达到85.0%以上，显著高于人工除草，达到了300 g，70%氨唑草酮水分散粒剂的防效（表12），但大幅度减

表12　75%异恶唑草酮水分散粒剂防除玉米田一年生杂草株防效　　　　　（%）

药剂处理	施药后15天				施药后30天			
	藜	马唐	铁苋菜	狗尾草	藜	马唐	铁苋菜	狗尾草
A	85.1b	81.6c	76.9c	79.7c	88.2c	87.3c	84.5b	86.8b
B	89.5b	87.7b	85.1b	89.0b	94.1b	93.4bc	93.5ab	96.2a
C	96.9a	96.7a	98.7a	99.5a	98.8a	98.9ab	99.4a	100.0a
D	100.0a	100.0a	100.0a	100.0a	100.0a	100.0a	100.0a	100.0a
E	87.0b	89.4b	89.1b	93.4ab	91.7bc	92.3ab	92.3ab	97.6a
F	63.4c	57.0c	53.1d	53.3d	56.3d	51.4d	48.2c	53.3c

注：A-F分别为75%异恶唑草酮水分散粒剂90 g/hm²、120 g/hm²、150 g/hm²、240 g/hm²、70%氨唑草酮水分散粒剂300 g/hm²和人工除草。

少了农药用量。

3. 高效喷雾技术

在物理防控（灯诱、性诱、人工捕杀与拔除等）和生物防治（赤眼蜂、白僵菌、苏云金杆菌等）及预测预报基础上，如田间发生病虫草害，可组织专业化防治队伍，采用无人机、高地隙喷药机、背负式机动喷雾机、高效宽幅远射程喷雾机等植保机械进行统防统治，选用优质、高效农药，科学配施增效助剂，实行精准用药，减量减次，绿色防控。

（七）机耕机播机收

有条件的区域和地块（地势较平坦、地块较大、地形较方正、道路交通较方便）可实行机械化生产。

（1）播前用旋耕机进行精细整地，耕深 15～20 cm，要求土表细碎、平整。有条件的地块最好提前机械翻耕，翻耕深度 20～25 cm，深翻后晒田 1～3 天，然后再旋耕 1～2 遍。地块较大、地势较低的地块，需开好中沟和边沟，以利暴雨后排涝。

（2）根据地块大小和种植模式选择 2～3 行小型施肥播种机或 4 行中型施肥播种机。选择土壤墒情适宜的晴天播种，适当增加播种量，确保一播全苗。

（3）间套作、小地块可选用单行或双行自走式或背负式摘穗收获机，在玉米完熟后即籽粒黑色层出现或籽粒乳线消失后收穗；净作、大地块、有干燥贮藏条件的可选用联合收获机，在玉米完熟后 10～15 天或全株变黄、籽粒含水量降到 28% 以下时用艾禾4LZT－4.0ZC 纵轴流联合收割机或久保田 4LZY－1.8（PRO688Q）联合收割机＋家家乐4YG－3A 玉米割台等机器进行籽粒直收。收获后应及时晾晒或烘干以防霉变损失。

三、特点与创新点

根据本区域生态特点和生产问题，在节肥节水节药关键技术研究基础上，优化集成了"四川盆地玉米节肥节水节药综合技术模式"，充分发挥了"抗逆良种、肥药新产品、肥料增效减施、集雨保墒抗旱、高效减药"等关键技术的综合作用与互促协同效应，实现了技术的集成创新，提高了"三节"效果；研究了玉米品种的抗旱耐瘠、新型肥料高效、化肥增效减施以及集雨抗旱保墒的技术原理和生理生态机制，丰富了高产玉米栽培的生理生态理论。

（一）特点

1. 改稀植大穗型品种为耐密宜机、肥水高效、抗逆高产品种

四川盆地玉米区传统生产上以稀植大穗品种为主，不耐密植，产量潜力有限；大多活秆成熟、籽粒脱水慢，不适宜机收；喜大肥大水，抗旱耐瘠能力差，肥水利用率

低。通过多年的试验示范，从省内外引进的众多品种中筛选出了相对抗旱耐瘠与肥水高效、耐密宜机与抗病抗虫的丰产良种，为本区玉米节肥节水节药和机械化生产奠定了良种基础。

2. 改稀植栽培为小个体大群体栽培

针对传统生产上种植密度低（大多不足 45 000 株/hm²）限制了玉米产量提高的问题，经过多年试验示范，形成了套作玉米中宽厢增密优配、净作玉米缩行增密优配的密植高产与宜机操作的群体结构，改稀植栽培为小个体大群体机械化高产栽培，为玉米的高产栽培奠定了基础。

3. 改粗放管理为水肥药高效利用

针对本区土层瘠薄，季节性干旱频发，生产上过量施用化肥、农药的问题，以筛选的抗旱耐瘠与抗病抗虫良种为基础，以节肥节水节药关键技术为核心，形成了节肥、节水、节药综合技术模式，提高了肥料、农药和降水资源的利用率，降低了生产成本，改善了生态环境，实现了资源高效与绿色发展。

4. 改人为种植为机械化生产

面对当前农村有效劳动力缺乏和劳动力成本大幅度上升的问题，为了适应规模化经营和机械化生产的需要，引选了耐密宜机玉米品种，引改了中小型播收管机具。针对不同地块优化集成了机械化生产技术，改人工种植为机械化生产，节省了劳动力，提高了劳动生产率和经济效益。

5. 针对性和实用性强

根据本区的生态特点、生产条件和主要问题，在深入试验研究与示范应用基础上，分类（间套用与净作、春播与夏播等）形成了节肥节水节药与机械化生产关键技术，并进一步优化集成了玉米节肥节水节药节劳综合技术模式，针对性更强，实用性更高，而且充分发挥了各单项技术的协同作用，其节本增效、资源高效和生态环保的效果更好。

（二）创新点

1. 玉米化肥减施增效关键技术创新

鉴选出了玉米氮高效品种，深入揭示了其氮素高效吸收利用的生理机制，为氮高效品种的选育和选择提供了理论依据；研究得出了适应本区生态条件的氮肥缓速配比，研制了一种高效专用缓释配方肥，研究形成了"有机替代增效、水肥耦合协同增效、增密减氮与氮肥增效剂增效、硅磷互促协同增效"等化肥减施增效关键技术，并明确了技术原理，丰富了玉米营养生理理论。

2. 玉米节肥节水节药省力综合技术集成创新

以鉴选出的玉米抗逆丰产良种和新型肥药新产品及引改的中小型农机具为基础，

以研发的节肥、节水、节药和机播机收关键技术为核心，优化集成了本区玉米节肥节水节药省力综合技术模式，充分发挥了各单项技术的协同增效作用，大面积示范表明其社会、经济和生态效益显著。

四、应用与效果

2017—2019 年在中江、西充、阆中等地建立了百亩核心示范片、千亩展示区、万亩示范片。2018—2019 年经专家现场验收与测算，2 000 余亩示范片平均产量达 8 607.0 kg/hm^2，与传统生产方式相比，增产 5% ~ 10%，化肥、农药减量 20% ~ 30%，降水利用率提高 10% ~15%，综合效益增加 20% ~30%，机械化综合水平提高 30% ~35%，增产增收、资源高效与环境友好效应显著。

五、当地农户种植模式要点

选用稀植大穗耐肥型品种；过量施用氮肥（20 kg/亩左右），追肥普遍于土面干施等雨淋溶，基本不施有机肥，肥料尤其是氮肥利用率很低；套作以"双30"和"双25"为主，净作以宽窄行 100 cm + 60 cm 较多，种植密度均较稀，大多不足 45 000 株/hm^2，产量不高；基本为雨养，大量不合理施用除草剂、杀虫剂等化学农药，有的甚至产生严重药害；机械化水平极低，尤其是机播和机收，基本为人工种植，劳动力成本很高，导致玉米生产的经济效益很低，环境污染严重。

六、节水节肥节药效果分析

2018—2019 年，结合国家粮食丰产增效科技创新专项等相关项目，在中江县、阆中市和西充县进行了万亩展示，通过大区同田对比试验和生产调查表明（表13），该技术模式与传统技术相比，氮肥偏生产力和降雨生产效率分别提高 21.47% 和 12.48%，农药投入平均减少 21.86%，病虫害损失平均降低了 0.62 个百分点，减少人工投入 20.85 个/hm^2，劳动生产率平均提高 27.60%。

表13　四川盆地玉米节肥节水节药省力技术示范效果

年度/年	氮肥偏生产力/(kg·kg^{-1}·N^{-1},%)			降雨生产效率/(kg·mm^{-1}·亩$^{-1}$,%)			劳动生产效率/(kg·工$^{-1}$,%)		
	示范	对照	较对照	示范	对照	较对照	示范	对照	较对照
2018	36.13	30.86	17.07	0.81	0.72	11.61	66.29	52.26	27.13
2019	37.19	29.54	25.87	0.71	0.63	13.36	56.17	43.89	28.07
平均	36.66	30.2	21.47	0.76	0.675	12.48	61.23	48.075	27.60

四川盆地东南部春玉米
田间节水节肥节药生产技术模式

一、背景与原理

（一）背景

四川盆地东南部地处边缘山区，属长江中上游，有大巴山、巫山、武陵山、大娄山环绕，东临湖北、湖南，南接贵州，亚热带季风性湿润气候，属"夏热冬冷"地区，年平均温度18℃左右，冬季平均气温6~8℃，1月份平均气温最低，春季倒春寒明显，夏季炎热多伏旱，7~8月份温度最高，最高温度可达43.8℃，常年日照少，平均年日照时数1 259.5小时，均集中在夏季，雨日、雨量大（常年雨量1 000~1 450 mm，春夏之交夜雨尤甚，冬春多雾），阴雨寡日现象明显，整体表现为：春早气温不稳，夏长酷热多伏旱，秋凉绵绵阴雨，冬暖少雪多云雾。农业生产地理环境比较恶劣，山高沟深，以丘陵、山地为主。

玉米主要生产在旱坡地上，土壤贫瘠，生长期面临逆境多，雨养生产，产量不高。生产上主要存在以下问题：苗期与灌浆期雨水少，时有旱情，而生长期5~6月雨水偏多，肥料及水土淋溶流失大；生产上肥料使用量大、多以速效化肥为主，偏施氮肥，施用方法不科学；病虫害重，农药与病害不对路，防治时农药施用量大，使用方法不当，农药中除草剂使用占比较大。此外，目前农村劳动力不足、劳动力素质不高，再加上区域地块小、散、不平，生产耕作不便，急需轻简化技术支撑。除此之外，因南北方气候和土壤差异大、地块小，规模化经营难以照搬北方成熟的机械化技术，故而需要研发南方区域适宜的特色机械化技术措施。

因此，区域生产急需轻简化、规模机械化和提高水、肥、药利用率的节本增效技术。

（二）原理

针对区域玉米生产面临阴雨寡照、高温伏旱、土壤贫瘠、栽培制度多样、生产投入高成本等实际情况，需要从栽培上解决以下几个方面的技术关键：一是对玉米生产坡耕地土壤实施培肥耕作改造，以增加土壤团粒结构，增加有机质，降低土壤黏性，提高通气性和保水保肥能力。二是提高生产投入品利用率，需要利用新型肥料、新型农药和高效使用方式等提高生产效率，降低成本，实现增效。三是合理优化高光效群体结构、调整适宜株行距配比、采用高抗逆品种等措施，提高光能利用率，增加单位面积产量。四是提高劳动生产效率，针对劳动力匮缺和劳动力素质不高的区域特点，需要破解劳动力投入少的轻简化技术和适宜山地丘陵净、套作机械化技术。

二、主要内容与技术要点

（一）技术模式

耐瘠抗病品种＋缓释肥、有机肥节肥20%＋保水剂＋新型农药、机械、助剂节药20%～30%＋秸秆还田＋传统耕作方式（或耕种收全程机械化）。

（二）技术要点

1. 整地、炕土、增施有机肥

春播前及时耕翻炕土，将上茬作物秸秆还田或增施有机肥均匀翻入土壤。耕翻土壤深度20～25 cm，要求耕后土壤净、松、碎，土表平整，每三年深松一次30～40 cm。

2. 选择耐瘠节肥高产品种

机械化生产还应考虑密植、宜机收品种特性。选择国家和地方审（认）定且适宜的种植区域和抗病、耐旱耐瘠、抗倒伏性强的玉米品种。

3. 使用商品包衣的达标种子

机械化生产必须精选种子，机械播种其发芽率不低于90%，单粒精播直播发芽率不低于95%。

4. 适期播种

育苗移栽：常规播种，当地温度稳定在8～10℃后可以播种。丘陵区2月下旬至3月上旬，山区3月中旬至4月上旬。

直播生产：比育苗移栽延后10～15天。一般丘陵区3月上中旬，山区4月上旬。

5. 施肥

（1）轻简化施肥：包括一次性施肥和机械化结合一次性施肥。有机肥节肥一次性深施：推荐秸秆还田（利用秸秆粉碎还田和腐熟还田）和利用如万植等有机无机复合肥1 800 kg/hm²一次性施肥。对于pH值低于6的土壤，使用土壤调理剂改良土壤结构，推荐天脊土壤调理剂（亩用量1 500～3 000 kg/hm²）。肥料深施覆盖。

缓释肥节肥一次性深施：控制总氮量节肥20%，即施纯氮240 kg/hm²左右。目前推荐夫特、史丹利缓释肥一次性施肥825～975 kg/hm²，或百事达缓释肥一次性施肥1 500～1 650 kg/hm²，或推荐夫特、史丹利缓释肥一次性施肥750～825 kg/hm²＋尿素75 kg/hm²。肥料深施覆盖。

（2）传统施肥。传统栽培底肥＋追肥生产方式则可利用推荐缓/控释肥（有机肥）替代底肥，肥料深施覆盖。

（3）在以上生产施肥方式中，增施 1.0～1.6 t 有机肥或增加 15～20 kg 生物菌肥可以减少 20% 化肥用量。

6. 农药使用

（1）使用包衣商品种子。

（2）使用新型高效低毒低残留农药，特别是推广具备病害前移防效的新农药，如丙环唑·嘧菌酯、吡唑醚菌酯、嘧菌酯，虫害农药康宽、福戈等，推荐病虫害一体化防治高效农药配方：福戈＋10% 苯醚甲环唑＋怀农特（120 g/hm² ＋450 mL/hm² ＋900 mL/hm²）和福戈＋S 制剂（120 g/hm² ＋225 mL/hm²）、阿泰灵＋福戈（1 350 g/hm² ＋120 g/hm²）、戊唑醇＋咪鲜胺＋福戈（150 mL/hm² ＋300 mL/hm² ＋120 g/hm²）。

除草剂：推荐 30% 苯唑草酮（苞卫）、50% 莠去津＋10% 硝磺草酮（地茂）、7% 噻酮磺隆＋19% 异噁唑草酮（爱玉优）等。

注重生物农药应用，如 BT、阿维菌素、除虫菊脂、玉米螟性诱剂、棉铃虫性诱剂、生物驱鸟剂等。

（3）添加农药功能性助剂，以提高防效，减少用药量 20%～30%。如芸天力、芸苔素内酯、激键助剂等。

（4）推荐物理防虫防鸟：挂黄板、太阳能杀虫灯、虫害诱吸器、驱鸟带等。

（5）使用农药高效器具节药：推荐机械喷雾器或 TS－65 势力烟雾机类、遥控微型无人机等喷洒，实现节药、节劳。

7. 节水

区域不缺水，玉米生长期更多是排水。但若旱区或遇干旱灾害可采用地膜覆盖＋保水剂。一般地区侧膜覆盖＋沃特保水剂（30～60 kg/hm²），而冷凉地区推荐全膜覆盖＋沃特保水剂（30～60 kg/hm²）。

8. 合理密度

（1）传统生产模式推荐普通籽粒玉米 52 500～60 000 株/hm²，青贮玉米 67 500～75 000 株/hm²。糯玉米商品生产 52 500 株/hm²左右。

（2）全程机械化模式推荐宽窄行生产，主要包括耕翻整地机械化、播种施肥一体机械化、病虫害防治机械化、收获机械化。全程机械化模式推荐宽窄行生产，宽行 80～100 cm，窄行 60 cm，株距 20～22.5 cm。若 60 cm 等行距则推荐株距 27.5 cm。普通籽粒玉米 60 000～67 500 株/hm²，青贮玉米 75 000～82 500 株/hm²。糯玉米商品生产 52 500 株/hm²左右。

9. 厢式栽培

利于雨季排水,降低玉米根部遭受水淹、水渍危害的风险。

10. 全程机械化模式推荐耕种收全部机械化应用

改良夹持型播种器（拖拉机动力双行、四行播种机,旋耕动力单行、双行播种机）。收获机推荐沃得等改型后适宜玉米籽粒的多功能收获机、秸秆收割打捆机、青贮秸秆粉碎收割机（规模化青贮玉米生产宜采用进口约翰迪尔等专用青贮玉米粉碎收获机）。

三、特点与创新点

（一）模式特点

1. 适宜节本节劳的规模化生产

该技术模式适宜企业、大户等进行规模化、集约化生产。全程机械化生产能有效地减少劳动力投入,节肥节药,还能降低生产农资投入。

2. 推进标准化生产

通过对生产技术环节品种筛选、种子处理、播种要求、种植密度、水肥管理、收获指标、产品质量要求等各方面的研究,集成制定玉米规范化的栽培技术标准,利于企业标准化生产。

3. 推进传统生产向全程机械化转变

根据技术要求,对整地、播种、施肥、喷药和收获等环节,选型配套了适宜的农用机械,针对不同地形推进传统生产向半机械化、全程机械化转化。

4. 实现绿色安全种植

通过采用病虫害趋势预防、精准选药、使用高效低毒新型农药、节药措施、关键时期用药、无人机等高效施药机具等方式,在提高病虫害防治效果基础上,明显减少农药使用量,既实现降低生产产品的农药残留,又显著降低面源污染。

（二）创新点

1. 生产方式创新

筛选出了适合四川盆地东南部区域使用的,适宜的轻简化、半机械化、全程机械化栽培方式,并配套设备,实现了高产高效生产。

2. 生产技术创新

针对区域内阴雨寡照、高温伏旱不良气候和土壤贫瘠、抗逆品种缺乏、群体配置不合理、施肥管理与病虫草害防治不科学问题开展了系统研究,构建了以缩行增密为重点的高光效群体结构,创新水肥药节约减施三节新技术,攻克了水肥药减施与增产的矛盾,集成了系统"四川盆地东南部春玉米节水节肥节药综合技术"模式,推进了玉米绿色、环保、节本高效生产。

3. 生产机制创新

在推广机制上，一改原有针对单一农户为主体的方式，创新地采用以目前技术需求主体（企业、合作社、家庭农场、规模生产大户）为重点的"科研院所＋新型经营主体＋农户"样板带动技术推广机制。通过经营组织技术应用示范和与单一农户订单链接机制，推进技术的快速扩散。

四、应用与效果

（一）应用

该技术模式示范面积375.3 hm²，并在武隆、垫江、江津、万州、酉阳开展百亩方布点示范，2017—2019年开展田间测产验收6次，其中青贮玉米测产验收2次（235.3 hm²，包括2016年35.3 hm²）；普通玉米测产验收4次（40 hm²），增产均在10%以上。

（二）效果

技术模式在四川盆地东南部春玉米区，青贮玉米比传统栽培增产15.98%，普通玉米比传统栽培增产16.06%；N、P_2O_5、K_2O总量减少25.0%～36.1%（平均30.6%）；节药20%。

以验收普通玉米亩产9 276.9 kg/hm²，增产16.0%测算，新技术玉米籽粒增效2 559元/hm²，节约用药240元/hm²，节约肥料（折N计）412.5元/hm²，减少用药、施肥可以节劳1个以上用工计1 275元/hm²，模式总节本增效4 486.5元/hm²，综合增效率28%。按照施肥375.3 hm²计算，项目执行中实现节本节劳增效168.4万元（产量增效96.05万元、节药增效9.01万元、节肥增效15.48万元、节劳增效47.86万元），可见技术新增效益明显，水肥药利用高效，生产减排面源污染物（N、P、K和农残）显著，应用前景好。

五、当地农户种植模式要点

（1）整地：人工或小型旋耕机松土。

（2）使用大穗稀植晚熟品种，长玉系列等。

（3）育苗移栽、稀植。一般种植30 000～33 000株/hm²（1.2～1.3 m行距，双株种植），近年推广密植生产，部分区域生产密度可适当提高到37 500～42 000株/hm²。

（4）施肥管理一底三追或二追。底肥、苗期追肥均用肥料＋农家猪粪水，功苞肥多撒施（不盖土），纯氮超过300 kg/hm²，磷钾肥不足。

（5）一般很少病虫害防治。病虫害发生后用药比较重，以传统农药为主。

（6）人工收获。

六、节水节肥节药效果分析

（一）节水效果分析

区域春季雨水较多，不存在缺水问题，节水表现为提高降雨利用率。从示范与对照调查比较来看，农户降雨利用率57.8%，种植大户、企业经营组织等降雨利用率54.8%~59.1%，集成技术模式72.0%，分别比农户、大户、经营组织提高24.6%、31.4%、21.8%（表1）。

表1 降雨利用效果统计表

用户类型	产量/（kg·hm⁻²）	生育期降雨量/mm	降雨利用率/%	技术模式增效
农户	6 030	695.07	57.8	24.6
大户	5 714.25	695.07	54.8	31.4
经营组织	6 187.5	695.07	59.1	21.8
技术模式示范	7 507.5	695.07	72.0	—

2019年技术模式验收结果：降雨利用率青贮玉米提高14.3%，普通玉米提高18.69%。

（二）节肥效果分析

从技术模式示范与对照调查比较来看，总平均节肥30.06%。与不同类型用户比较，分别比农户、大户和经营组织节肥30.74%、30.93%、28.52%（表2）。

表2 节肥效果统计表

用户类型	化肥平均施用量 $N+P_2O_5+K_2O$ /（kg·hm⁻²）	模式化肥减量/%	施肥成本/（元·hm⁻²）	模式节本/%	产量/（kg·hm⁻²）	模式增产/%	模式产量增效/（元·hm⁻²）	模式节本增效/（元·hm⁻²）
传统小农户	314.25+144.75+85.5=544.5	30.74	3 160.5	12.2	6 030	24.5	2 955	3 340.5
传统种植大户	349.5+109.5+87.0=546	30.93	3 319.35	16.4	5 715	31.38	3 586.5	4 130.85
传统经营组织	319.05+107.25+101.25=527.55	28.52	3 165.45	7.97	6 187.5	21.33	2 640	2 880.45
技术模式示范	240+68.55+68.55=377.1 205.5 kg纯N缓释肥+34.5 kg纯N尿素	—	2 775	—	7 507.5	—	—	—
模式效果总平		30.06		12.19		25.74		3 450

2019 年技术模式验收结果：每亩 N、P_2O_5、K_2O 总量减少 25.0% ~ 36.1%（平均 30.6%）。

（三）节药效果分析

从技术模式示范与对照调查比较来看，总节药 21.91%。与不同类型用户比较，分别比农户、大户和组织节药 24.58%、23%、18.16%（表 3）。2019 年技术模式验收，节药 20% 以上。

表 3   节药效果统计表

用户类型	平均农药施用折百量/($g \cdot hm^{-2}$)	模式农药减量/%	施药成本/($元 \cdot hm^{-2}$)	模式节本/%	产量/($kg \cdot hm^{-2}$)	模式增产/%	模式产量增效/($元 \cdot hm^{-2}$)	模式节本增效/($元 \cdot hm^{-2}$)
传统小农户	2 102.25	24.58	1 201.05	20.07	6 030	24.5	2 955	3 196.05
传统种植大户	2 058.45	23	1 131.9	15.19	5 715	31.38	3 586.5	3 758.4
传统经营组织	1 927.5	18.16	1 020.9	6.0	6 187.5	21.33	2 640	2 700.9
技术模式示范	1 585.5	—	960	—	7 507.5	—	—	—
模式效果总平		21.91		13.75		25.74		3 218.4

（四）节约成本分析

本技术模式总节本投入为 1 873.5 元/hm^2，其中节药劳动力 1 275 元（一次性施肥节约用工），节约化肥投入 439.5 元，节药农药 159 元（表 4）。

表 4   节约成本统计表

用户类型	肥料		农药		劳动力	模式总节本/($元 \cdot hm^{-2}$)
	对比 ±/($元 \cdot hm^{-2}$)	节约/%	对比 ±/($元 \cdot hm^{-2}$)	节约/%	对比 ±/($元 \cdot hm^{-2}$)	
传统小农户	−385.5	30.74	−241.5	24.58	−1 275	1 902
传统种植大户	−544.5	30.93	−172.5	23.00	−1 275	1 992
传统经营组织	−390	28.52	−61.5	18.16	−1 275	1 726.5
技术模式示范	—	—	—	—	—	—
模式效果总平	439.5	30.06	159	21.91	1 275	1 873.5

（五）产出分析

调查结果：技术模式分别较传统生产平均增产 25.74%，其中与传统小农户、种植大户、经营组织的对比分别为 24.5%、31.38%、21.33%（表 5）。

2017—2019 年技术模式验收产量：青贮玉米技术模式比传统栽培增产 10% 以上，普通玉米技术模式比传统栽培增产 15.5% 以上（表 6）。

表5 产量统计表

用户类型	产量		
	kg·hm⁻²	对比±/（kg·hm⁻²）	对比±/%
传统小农户	6 030	1 477.5	24.5
传统种植大户	5 715	1 792.5	31.38
传统经营组织	6 187.5	1 320	21.33
技术模式示范	7 507.5	—	—
模式效果总平	—	1 530	25.74

表6 2017—2019年田间测产验收统计表

技术模式	玉米类型	2017年			2018年			2019年		
		面积/hm²	产量/（kg·hm⁻²）	比对照增产/%	面积/hm²	产量/（kg·hm⁻²）	比对照增产/%	面积/hm²	产量/（kg·hm⁻²）	比对照增产/%
三节技术	普通玉米	6.67	9 975	15.5	13.33	10 420.5	15.79	20	8 343	16.9
	青贮玉米	100	73 600.5	14.9	100	69 330	10.44	100	62 031	16.0

（六）产值收益分析

生产调查分析：玉米市场价格2.00元/kg计算，技术模式产量增效平均3 060元/hm²，节肥节药节劳成本1 873.5元/hm²，综合增效达到4 933.5元/hm²，综合增效率41.3%（表7）。

表7 调查产值收益统计表

用户类型	产量			节肥节药节劳成本/（元·hm⁻²）	总增效/（元·hm⁻²）	综合增效/%
	kg/hm²	元/hm²	对比±/（元·hm⁻²）			
传统小农户	6 030	12 060	2 955	1 902	4 857	40.2
传统种植大户	5 715	11 430	3 586.5	1 992	5 578.5	48.8
传统经营组织	6 187.5	12 375	2 640	1 726.5	4 366.5	35.3
技术模式示范	7 507.5	15 015	—	—	—	—
模式效果总平	—	—	3 060	1 873.5	4 933.5	41.3

按照验收结果分析：玉米亩产9 276.9 kg/hm²，验收最低增产16%测算，技术模式玉米增效2 559.0元/hm²，节约用药240元/hm²，节约肥料（折N计）412.5元/hm²，减少用药、施肥可以节劳1个以上用工计1 275元/hm²，模式总节本增效4 486.5元/hm²，综合增效率28%（表8，表9）。

表8 技术模式验收综合增效表

技术模式	验收产量/ (kg·hm^{-2})	验收增产/ /%	产量增效/ (元·hm^{-2})	节物资/ (元·hm^{-2})	节劳/ (元·hm^{-2})	综合增效/ (元·hm^{-2})	对照产值/ (元·hm^{-2})	综合增效 /%
普通玉米节水节肥节药综合技术模式	9 276.9	16.0	2 559	652.5	1 275	4 486.5	15 994.65	28.0

表9 普通玉米节水节肥节药综合技术模式节本节劳测算表

技术模式	模式节药率/%	农户用药成本/ (元·hm^{-2})	农药节本/ (元·hm^{-2})	农民施氮/ (kg·hm^{-2})	模式节肥率/%	模式节肥量/ (kg·hm^{-2})	节肥单价/ (元/kg)	节肥节本/ (元·hm^{-2})	少施肥药节约1个工/ (元·hm^{-2})	总节本节劳/ (元·hm^{-2})
普通玉米节水节肥节药综合技术模式	20	1 200	240	300	30.6	91.8	4.5	412.5	1 275	1 927.5

　　四川盆地东南部春玉米节水节肥节约综合技术模式（图1）及集成技术模式与常规技术模式投入产出对照表（表10）、集成模式与常规种植肥料施用情况对照表（表11）、集成模式药剂防控用量情况表（表12）。

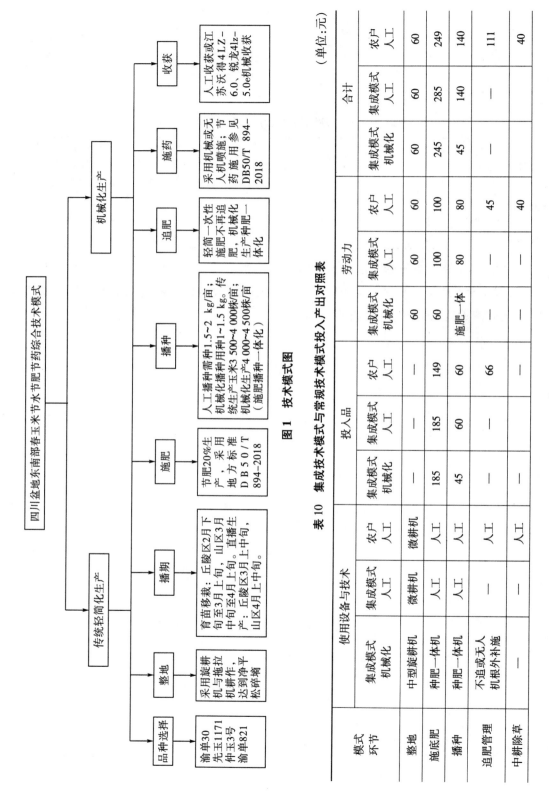

图 1 技术模式图

表 10 集成技术模式与常规技术模式投入产出对照表

(单位：元)

模式环节	使用设备与技术		投入品				劳动力				合计		
	集成模式机械化	农户人工	集成模式机械化	集成模式人工	农户人工		集成模式机械化	集成模式人工	农户人工		集成模式机械化	集成模式人工	农户人工
整地	中型旋耕机	微耕机	—	—	—		60	60	60		60	60	60
施底肥	种肥一体机	人工	185	185	149		60	100	100		245	285	249
播种	种肥一体机	人工	45	60	60		施肥一体	80	80		45	140	140
追肥管理	不追或无人机根外补施	人工	—	—	66		—	—	45		—	—	111
中耕除草	—	人工	—	—	—		—	—	40		—	—	40

续表

模式环节	使用设备与技术			投入品			劳动力			合计		
	集成模式机械化	集成模式人工	农户人工	集成模式机械化	集成模式人工	农户人工	集成模式机械化	集成模式人工	农户人工	集成模式机械化	集成模式人工	农户人工
病虫草害防治	打药机 无人机	喷雾器 喷雾器	喷雾器 喷雾器	64	64	80	30	30	30	94	94	110
收获	收获机	人工	人工	—	—	—	100	160	160	100	160	160
合计				294	309	355	250	430	515	544	739	870

注：按照偏远农区40元/人·天计算用工（各地工资存在差异）。种子按照30元/kg计算。机械化耕播收按照组赁机械收获折劳动力。

表11 集成模式与常规种植肥料施用情况对照表

肥料种类	$N-P_2O_5-K_2O$ 比例	价格 /(元·kg^{-1})	施用量 (kg)		$N-P_2O_5-K_2O$ 总量比例		总养分施用量 /kg		金额 /元	
			集成模式	农户	集成模式	农户	集成模式	农户	集成模式	农户
过磷酸钙	0-12.0-0	0.70	0.00	40.0	0.00	0-4.8-0	0.00	4.80	0.00	28.00
三元素复合肥	25-10-10	3.30	0.00	32.25	0.00	8.05-3.23-3.23	0.00	14.51	0.00	106.43
缓控释肥	27-9-9	3.45	50.8	0.00	13.7-4.57-4.57	0.00	22.84	0.00	175.00	0.00
尿素	46.0-0-0	2.00	5.0	30.0	2.3-0-0	13.80-0-0	2.30	13.8	10.00	60.00
氯化钾	0-0-60	4.20	0.00	4.90	0-0-2.94	0-0-2.94	0.00	2.94	0.00	20.58
合计			57.5	97.0	16-4.57-4.57	21.85-8.03-6.17	25.14	36.05	185.0	215.01

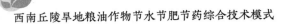

表12 集成式药剂防控用量情况表

生育期	施药时间	防治对象	施药种类及剂型	规格	有效成分含量	施用方法	用量/mL 或 g	备注
播种前期	2月中下旬—3月上旬	除草	爱玉优	30 mL/瓶	26.7%噻隆·异噁酮悬浮剂	喷施	30	
			烟嘧·莠去津	100 mL/瓶	24%	喷雾	80~100	
			苞卫	100 mL/瓶	30%苯噁草酮	喷雾	5~6	
播种—出苗	3月上旬—3月下旬	小地老虎等	高效氯氰菊酯4.5%	80 mL/瓶	10.00	喷雾	10	
		杂草	爱玉优	30 mL/瓶	26.7%噻隆·异噁酮悬浮剂	喷施	30	
		鸟害	雷猫驱鸟剂（含30%）逃得快	50 mL/瓶 25 g/包	—	喷施 喷施	50 50	
		蚜虫、草地贪夜蛾、玉米螟	高效氯氰菊酯4.5%	80 mL/瓶	10.00	喷雾	10	
			甲氨基阿维菌素苯甲酸盐·茚虫威	100 g/瓶	17%	喷雾	12	
		杂草	烟嘧·莠去津	100 mL/瓶	24%	喷雾	80~100	
			苞卫	100 mL/瓶	30%苯噁草酮	喷雾	5~6	
			爱玉优	30 mL/瓶	26.7%噻隆·异噁酮悬浮剂	喷施	30	加农药助剂降低用药20%~30%
喇叭口—扬花期	5—6月	大小斑病害	苯醚甲环唑10%水分散粒剂	100 g/袋	10%苯醚甲环唑	喷施	75~120	
			多菌灵	100 g/袋	50%多菌灵	喷施	100	
		纹枯病	井冈霉素	50 mL/瓶	5%	喷施	150~200	

四川盆地冬油菜—夏玉米
田间节水节肥节药生产技术模式

一、背景与原理

（一）背景

旱坡地占西南耕地的70%以上，是西南农业用地的主体。20世纪80年代以前，旱坡地多是"小麦—玉米"两熟制。实行家庭联产承包制后，由于粮食和饲料的需求急剧攀升，"麦—玉—薯"三熟间套作模式因此得到大面积应用。进入21世纪后，随着农村青壮年大量外出务工，三熟制这种劳动密集型的农作模式弊端越来越突出，急需以两熟制为基础的宜机生产模式，打破传统农业劳力成本高居不下、低效不可持续的限制。

农业生产机械化既可以降低劳动强度，提高生产效率，也可以提高作业质量，有利于作物高产节本增效，因而是世界各国农业生产发展的方向。西南丘陵山地是典型的多熟间套作种植区域，区域内坡耕地比重大、田块面积小，加之适宜农机研制滞后制约了该区农业机械化生产的发展。研究表明两熟净作模式的生态系统能值自给率整体高于多熟间套作模式，其中冬油菜—夏玉米两熟种植模式的工业辅助能值比率和能值产出率均显著高于油—豆、麦—玉等旱作种植模式，同时也较为适合于进行机械化栽培。但在冬油菜—夏玉米两熟新模式应用过程中存在以下问题：（1）上下茬作物配置不合理，周年粮油产量不稳。适宜新型两熟模式的粮油品种缺乏，生产上多采用适合稻田的油菜品种旱作、适合春播的玉米品种夏播，导致品种对气候生态条件的适宜性降低；加之上下茬作物生育期与茬口配置不合理，导致关键生育期易与自然灾害相遇，导致周年粮油产量不稳。（2）农机农艺融合度低，机械化水平发展缓慢。适合新型两熟贴茬种植配套的秸秆还田、土壤耕作、肥水管理技术的研究十分薄弱，规范化和标准化程度低；加之农业机械研发和配套性不足，全程机械化及全年机械化的推广仍然十分缓慢。（3）轻简高效技术研究滞后，高产高效优势难以发挥。新型种植模式中主体作物播种期的大幅调整，传统的避灾丰产技术难以直接发挥作用，加之节肥节药、密肥协同、肥水高效等高产高效协同技术研究滞后，导致"高产不高效、高效不高产"，新型两熟模式的高产高效优势难以充分体现。

（二）原理

1. 以提高气候资源利用率为核心，实现避灾稳产

针对传统间套作改净作、春玉米改夏玉米、稻田冬油菜改旱地冬油菜的周年气候资源匹配性问题，对西南丘陵山地近 40 年气候资源变化规律及其与夏玉米、冬油菜的匹配机制进行了系统研究，明确了夏玉米的花粒期易遭受伏旱危害，可压缩冬油菜生育期早收、贴茬早播，实现水热资源与夏玉米生长发育动态匹配；冬油菜花后不到全生育期 1/3，有效积温和降雨量却占 50% 左右，花粒期水热同步性好的匹配机制，但花前降水匹配性差，易遭遇干旱危害，可选用耐旱品种、调整耕播方式调优补偿。通过适宜品种配置和茬口调节，实现关键期避灾稳产，从而提高气候资源利用率，进而实现周年高产稳产。

2. 以提高肥药利用率为关键，实现节肥节药

针对传统肥水管理技术粗放、施肥人工投入多、肥料利用率低等问题，在新型缓控释肥新产品筛选基础上，研究集成有机无机配施减氮、秸秆还田培肥、缓控释肥一次施用等技术，提高肥料利用率、减少化肥用量和施肥用工投入，实现化肥减施。针对传统病虫草害防治中，药剂选择不合理、农药利用效率低、人工投入多等问题，在农药助剂鉴选基础上，研究集成一喷多防、减量施药、机械化防控等关键技术，提高农药利用率和用工投入，实现农药减施。

3. 以提高生产效率为重点，实现高产效率

针对传统生产技术劳动力投入大，生产效率低，劳动力成本高，造成增产不增收等问题；依据丘陵山地生产生态条件，开展夏玉米、冬油菜关键生产环节机械化生产技术和配套农机具研究，改人工栽培为机械化生产，实现全程机械化生产，提高生产效率和效益。

二、主要内容与技术要点

（一）冬油菜种植技术要点

1. 选择耐密中偏早熟品种

选择适合当地气候生态、耐密、耐旱、抗倒、熟期偏早的双低高产油菜品种。例如川油 36、德油早 1 号等。

2. 播前整地

播前视土质情况可翻耕整地后播种或免耕播种。翻耕整地须在前茬作物收获后，在机械灭茬和秸秆粉碎还田基础上深耕（松）30～40 cm，打破犁底层，平整土地

（翻、耕、耙、耢），改善墒情，除去油菜及其他十字花科作物自生苗，防止混杂；免耕移栽须施用除草剂，除去其他十字花科作物自生苗。

3. 高密度机播

在 9 月 20 日至 10 月 10 日，每亩播种量不低于 200 g，基本苗控制在 2 万株左右。小地块用微耕机带动 2BS－2 型、2BS－3 型播种机直播，大地块选用 2BYJ－4 型、2BYC－3 型浅耕精播施肥联合播种机直播。

4. 增密减氮，配方施肥

坚持前茬秸秆就地还田保墒培肥，有机无机，氮、磷、钾、硼肥配合施用。油菜氮磷钾施用量为 N∶P_2O_5∶K_2O ＝9.6∶6∶6 kg/亩（氮肥较常规用量减少 20%）。氮、磷、钾肥源分别为尿素、过磷酸钙、氯化钾。氮肥按基肥∶薹肥＝7∶3 比例施用，磷钾肥均作基肥一次性施入。选用油菜专用复混肥可根据肥料含量适量施用。

5. 病虫草害综合防治

油菜常见病害为菌核病。可采用噬菌核霉可湿性粉剂（2×10^8个活孢子/g）在油菜播种前 15～30 天一次性施入土壤，每亩药剂用量为 100～200 g，兑水 50 kg，需用小型机动喷雾器或无人机均匀喷洒在全田土表。初花期选用无人机用 40% 菌核净可湿性粉剂喷雾防治，10 天后加喷一次。油菜常见虫害为蚜虫和菜青虫。可采用 0.5% 苦参碱水剂于苗期、开花期各喷施一次，每亩用量 60～100 g，兑水 50 kg。油菜出苗后，要根据苗情及草情，一般在杂草 3 叶前用选择性除草剂防除一次。

6. 适时机收

终花后 30 天左右，全田、全株角果现黄，主轴基部角果呈枇杷色，种皮呈黑褐色时，即可收获。收获可采用两段式机械收获，即终花后 30 天左右进行割刈，晾晒 5～10 天后选用捡拾收获机型脱粒收获。也可推迟 5～7 天进行机械收获，选用适合四川省旱地油菜收获的金阳豹 4LYZ－1.4 型、久保田或沃得等直喂式谷物油菜联合收割机进行收获。

（二）夏玉米种植技术要点

1. 选择多抗中早熟品种

选择生育期 110 天左右，发芽和出苗期耐高温高湿、耐密、抗病性强、适合机直播的新品种。在选用优良品种基础上，选购和使用发芽率高、活力强、适宜精量播种的优质种子，要求种子发芽率≥90%。同时选择适宜的包衣种子，以减少高温高湿播种造成的烂种现象。

2. 及时灭茬，旋耕整地

前作油菜收获后，及时灭茬整地。如油菜收获采用联合收获机作业，一次性完成油菜收获与秸秆粉碎并均匀覆盖地表,留茬高度≤8 cm,秸秆粉碎长度≤10 cm、抛撒均匀度≥80%;如秸秆粉碎长度、留茬高度不达标或采用人工收获,可用秸秆粉碎还田机对地上残茬和地下根茬部分进行粉碎。秸秆粉碎后进行旋耕整地作业,旋耕深度15~18 cm,使土壤达到播种状态。

3. 适雨播种,增密机播

夏玉米播期应根据各地气候特点,在保证玉米花粒需水关键期常年降雨量达到需水量80%以上倒推玉米播期。同时播种时墒情控制在土壤相对含水量60%~65%,有利于提高玉米机播质量和出苗整齐度。可选用单轮单行或双轮双行播种机对小型、较大坡度地块播种;选用播种、施肥2行精量播种机对较大、较平整的地块播种。每亩留苗密度4 500~5 000株,耐密品种尽量提高种植密度。

4. 有机肥配施,氮肥减量

采用平衡施肥技术,实行有机、无机肥结合,氮、磷、钾配方施肥。玉米亩用商品有机肥400 kg,每亩氮磷钾总量比例为$N:P_2O_5:K_2O=16:7:7$(氮肥较常规用量减少20%)。磷、钾肥均作为底肥一次性施用,无机纯氮按照底肥50%、孕穗肥50%比例施用。有条件的地区可推广应用缓控释肥,一次性施62 kg缓控释肥($N:P_2O_5:K_2O=26:12:13$,控N50%,释放期为90天),再看苗追施氮肥一次。也可选用单行施肥机或双行施肥机追施,对行距不低于60 cm、苗高不超过1 m的田块追施化肥。

5. 化学除草

土壤墒情适宜时用乙草胺或异丙甲草胺在玉米播种后杂草出土前按标签说明进行土壤封闭施药。苗后,在杂草3~5叶期,及时采用48%硝磺·异丙·莠(玉罗莎)悬浮剂150 mL/亩或用烟嘧·莠去津20%可分散油悬浮剂100 mL/亩防除;7叶以上时(拔节后植株高60 cm以上),可用农达(草甘膦)进行行间定向喷雾。

6. 病虫一次防治

组织专业化防治队伍,采用背负式机动喷雾机、高效宽幅远射程喷雾机、高地隙喷药机械等植保机械,重点防治玉米螟、大螟、纹枯病、锈病等病虫害,通过配施助剂减少用药30%。灰斑病、穗腐病高发地区,种植感病品种的地块,大喇叭口期可采用扬彩(阿米西达或嘧菌酯)+福戈喷雾,一次性清除病虫害加同步防治。

7. 机械晚收

玉米籽粒含水率低于28%时,选用玉米籽粒收获机进行粒收或2行摘穗收获机收获,并配套选用脱粒机及时脱粒。收获后应及时晾晒或烘干以防霉变损失。

三、特点与创新点

（一）模式特点

新技术模式针对西南丘陵旱地发展新形势，以全程机械化为核心，以提高水、肥、药利用效率为重点，较传统技术模式主要特点体现在以下几个方面：

1. 改人工栽培为机械化生产

针对传统生产技术劳动力投入大、生产效率低等问题，围绕冬油菜、夏玉米开展关键机械化生产技术和配套农机具选型，实现了该模式全程机械化生产。其主要环节机械化体现在改传统油菜、玉米育苗移栽为高密度机播，改人工施肥直播为机械追肥和机械植保，改人工早收为机械晚收，显著提高了生产效率和效益。

2. 改中偏晚熟品种为耐密中偏早熟品种

传统油菜、玉米品种多为稀植大穗晚熟品种，不利于油菜、玉米早播，易造成油菜、玉米关键期与灾害相遇影响其产量和品质，同时高秆大穗不利后期机收。针对新模式主要作物生长特点，改传统油菜、玉米稀植中偏晚熟品种为耐密中偏早熟品种，以适宜机播机收，并为下茬作物提供早茬口，有利于周年抗逆稳产。

3. 改水肥药粗放管理为水肥药高效利用

针对传统肥水药管理劳动力投入大、肥料农药用量不合理、肥料农药利用效率低等问题，改传统重氮肥轻磷钾为水肥耦合配方施肥以提高肥料利用效率，改单一病虫害防治为病虫害综合防控；在筛选缓控释肥和农药助剂基础上形成一次性简化施肥和农药减量施用技术，同时注重有机无机配施、秸秆还田利用、机械化高效防控等技术研究，提高肥料和农药利用率实现节肥节药。

（二）创新点

（1）针对传统生产技术劳动力投入大，生产效率低，劳动力成本高，造成增产不增收等问题。依据丘陵山地生产生态条件和生产规模的实际情况，开展夏玉米、冬油菜关键生产环节机械化生产技术和配套农机具研究，改人工栽培为机械化生产，实现全程机械化生产提高生产效率和效益。

（2）针对传统间套作改净作、春玉米改夏玉米、稻田冬油菜改旱地冬油菜的周年气候资源匹配性问题，在气候资源变化规律及其与夏玉米、冬油菜的匹配机制研究基础上，通过开展适宜品种鉴选、上下茬作物茬口调节等关键技术研究，实现了冬油菜、夏玉米关键期避灾稳产，从而提高了气候资源利用率，进而实现周年高产稳产。

（3）针对传统化肥农药管理技术粗放、肥药利用率低、人工投入多等问题，在新型缓控释肥、农药助剂新产品筛选基础上，研究集成肥料配施减量、轻简高效施肥、一喷多防、减量施药等关键技术，提高肥药利用率，实现了农药减施。

四、应用与效果

该技术模式在四川省简阳市青龙乡白庙村、四川省梓潼县东石乡建立千亩综合技术展示示范区，2016—2019年累计示范3 476亩。示范区集中示范展示以"改传统多熟间套作为油—玉两熟净作机械化生产模式、改中偏晚熟品种为耐密中偏早熟品种、改水肥药粗放管理为水肥药高效利用"为核心的丘陵山地冬油菜—夏玉米节水节肥节药生产技术模式，以及以"抗逆播种、增密减氮、病虫综合防治、适时机收"为核心的油菜节水节肥节药关键技术和以"适雨机播、有机肥配施减氮、一喷多防节药技术、机械化晚收"为核心的油菜节水节肥节药关键技术。目前关键技术已在四川省简阳、三台、盐亭、梓潼、中江等地推广应用，辐射推广面积10.3万亩。

经典型田块调查与现场验收，多年加权平均示范区油菜平均产量176.4 kg/亩，较农户田块亩均增产21.2 kg、增幅13.66%。夏玉米平均产量531.8 kg/亩，与典型田块产量相比亩均增产82.5 kg、增幅18.37%。新模式周年粮油产量与传统三熟间套作模式产量相当，肥料用量投入减少15%以上，全年施药减少3次节药30%以上，将雨利用效益提高20%以上，亩均节约成本389元，较传统模式亩均新增纯收益592.5元，增幅80%以上。

五、当地农户种植模式要点

播种以人工育苗移栽为主，种植密度小，油菜亩植4 000株左右、夏玉米亩植3 500株左右。肥料主要是尿素＋过磷酸钙或尿素＋复合肥，重氮肥轻磷钾肥，一般油菜亩用氮肥18 kg，夏玉米亩用氮肥20 kg。生产过程中水肥管理粗放，多为雨养无节灌措施。因之前病虫草害防治未统防统治，发生一种防治一种，故而防治效果差，且机械化程度低防治效率差。

六、节水节肥节药效果分析

（一）节水效果分析

丘陵山地冬油菜—夏玉米节水节肥节药生产技术模式通过改中偏晚熟品种为耐密中偏早熟品种以及上下茬作物茬口调节等技术措施，实现了冬油菜、夏玉米生长发育与降雨规律相匹配，从而提高了降雨利用率。经多年多点调查（表1），示范区夏玉米平均降雨量利用率为13.6 kg/（mm·hm²），较传统技术模式提高了16.24%；冬油菜平均降雨量利用率为14.9 kg/（mm·hm²），较传统技术模式提高了13.06%；周年粮油作物平均降雨量利用率为 13.8 kg/（mm·hm²），较传统技术模式提高了 16.29%。

表1　模式降雨利用率统计表

年度/年	降雨量利用率/（kg·mm⁻¹·hm⁻²）								
	夏玉米			冬油菜			周年		
	示范	对照	较对照/±%	示范	对照	较对照/±%	示范	对照	较对照/±%
2016	12.4	11.5	7.83	13.5	12.5	7.69	12.7	11.7	8.18
2017	12.9	11.6	11.21	20.3	18.2	11.66	14.4	12.8	12.18
2018	13.1	11.2	16.96	11.9	10.4	14.97	12.8	11.0	16.35
2019	16.4	12.4	32.26	12.4	10.3	20.35	15.4	11.9	29.34
加权平均	13.6	11.7	16.24	14.9	13.2	13.06	13.8	11.9	16.29

（二）节肥效果分析

针对传统肥水管理技术粗放、施肥人工投入多、肥料利用率低等问题，在新型缓控释肥新产品筛选基础上，研究形成了夏玉米有机肥配施减氮、冬油菜增密减氮等节肥关键技术，显著提高了肥料利用效率，实现化肥减施。

在夏玉米有机肥配施减氮技术试验中（表2），氮肥的施用量是影响夏玉米产量的主要因素。在同等施氮水平下，采用有机肥替代后可提高穗部籽粒数和千粒重，进而实现增产。同时，就氮肥的利用效率而言，氮肥的偏生产力和农学效率均随施氮量的增加而降低，但采用有机肥替代后可在一定程度上提高其氮肥偏生产力和农学效率。本次试验中采用"亩用氮肥 20 kg/亩 + 有机肥 400 kg"（A1B3）模式产量最高，但采用"亩用氮肥 16 kg/亩 + 有机肥 400 kg"（A2B3）模式产量可达到传统施肥模式（A1B1），具有减氮 20% 的节肥潜力。

表2　夏玉米有机肥配施减氮技术产量与肥效调查表

施总N量/（kg·亩⁻¹）	有机肥/（kg·亩⁻¹）	产量/（kg·亩⁻¹）		氮肥偏生产力/（kg·kg⁻¹）		氮肥农学效率/（kg·kg⁻¹）	
A1 20（CK）	B1 0（CK）	462.5	bcd	28.91	d	20.27	e
A1 20	B2 200	481.8	b	30.11	d	21.48	de
A1 20	B3 400	512.8	a	32.05	cd	23.41	cd
A2 16	B1 0	445.3	d	36.13	bc	25.59	bc
A2 16	B2 200	454	cd	36.83	b	26.31	b
A2 16	B3 400	471.9	bc	38.27	b	27.81	ab
A3 12	B1 0	372.3	e	44.22	a	29.26	a
A3 12	B2 200	375.7	e	44.66	a	29.69	a
A3 12	B3 400	377.8	e	44.84	a	29.94	a
A1 20		485.7	a	30.36	c	21.72	c
A2 16		457.1	b	37.08	b	26.57	b

施总 N 量/ （kg·亩⁻¹）	有机肥/ （kg·亩⁻¹）	产量/ （kg·亩⁻¹）		氮肥偏生产力/ （kg·kg⁻¹）		氮肥农学效率/ （kg·kg⁻¹）	
A3 12		375.3	c	44.57	a	29.63	a
B1 0		426.7	c	36.42	a	25.04	b
B2 200		437.2	b	37.2	a	25.83	ab
B3 400		454.1	a	38.39	a	27.05	a

在冬油菜增密减氮技术试验中（表3），冬油菜产量随施氮量的增加而增加，其中亩施 N 12 kg/亩处理（N3）平均亩产较 N2 和 N1 分别增产6.0%和13.6%；而密度对产量的影响表现为随密度的增加出现先上升后降低的趋势，亩植20 000 株（D3）处理平均亩产达到最大值。同时，就氮肥的利用效率而言，氮肥的偏生产力随施氮量的增加而降低，但增加密度后可在一定程度上提高其氮肥偏生产力。本次试验中采用"亩用氮肥10 kg/亩＋种植密度20 000 株"（N3D3）模式产量最高，但采用"亩用氮肥9.6 kg/亩＋种植密度20 000 株"（N2D3）模式产量可达到对照（N3D1）水平，可节约氮肥用量20%。

表3　冬油菜增密减氮技术产量与肥效调查表

施氮量/ （kg·亩⁻¹）	密度/ （株·亩⁻¹）	亩产/ （kg·亩⁻¹）	经济性状			氮肥偏 生产力/ （kg·kg⁻¹）
			单株角果数/ （个·株⁻¹）	每角粒数/ （个·角⁻¹）	千粒重 /g	
N1 7.2	D1 10 000	159.90e	298.22a	22a	5.38bc	22.2
N1 7.2	D2 15 000	167.06cd	202.80d	20a	5.48bc	23.2
N1 7.2	D3 20 000	165.68d	174.00e	19a	5.29c	23.0
N1 7.2	D4 25 000	122.36f	107.28g	19a	5.86a	17.0
N2 9.6	D1 10 000	155.90e	186.10e	19a	5.43bc	16.2
N2 9.6	D2 15 000	171.75bc	177.07e	21a	5.44bc	17.9
N2 9.6	D3 20 000	173.54b	268.60b	19a	5.30bc	18.1
N2 9.6	D4 25 000	157.63e	144.93f	19a	5.37bc	16.4
N3 12.0 (CK)	D1 10 000 (CK)	169.69bcd	154.93f	20a	5.16c	14.1
N3 12.0	D2 15 000	179.78a	238.35c	21a	5.32bc	15.0
N3 12.0	D3 20 000	181.42a	202.17d	18a	5.17c	15.1
N3 12.0	D4 25 000	167.54cd	152.35f	19a	5.54b	14.0

示范区多年调查表明（表4）：示范区夏玉米平均氮肥偏生产力为33.2 kg/kg，较传统技术模式提高了33.06%；冬油菜平均氮肥偏生产力为18.4 kg/kg，较传统技术模式提高了42.07%；周年粮油作物平均氮肥偏生产力为27.7 kg/kg，较传统技术模式提高了37.30%，周年亩均节约氮肥用量15%以上。

表4 示范区氮肥偏生产力统计表

年度/年	氮肥偏生产力/（粮油 kg·kg⁻¹ N）								
	夏玉米			冬油菜			周年		
	示范	对照	较对照/±%	示范	对照	较对照/±%	示范	对照	较对照/±%
2016	27.9	22.9	21.83	17.2	12.8	34.62	23.9	18.9	26.78
2017	28.4	22.5	26.22	18.1	12.9	39.58	24.5	18.7	31.46
2018	30.9	23.5	31.49	18.9	13.1	43.71	26.4	19.4	36.35
2019	46.8	31.6	48.10	19.3	12.9	50.44	36.5	24.1	51.57
加权平均	33.2	25.0	33.06	18.4	12.9	42.07	27.7	20.1	37.30

（三）节药效果分析

针对传统农药施用技术粗放、农药利用率低等问题，在新型农药助剂新产品筛选基础上，开展夏玉米病虫草害一体化防治技术研究，通过提高农药利用率，实现了农药减施。

夏玉米病虫草害一体化防治技术试验，设置了空白对照、常规对照、杂草防治优化模式、病害防治优化模式、杂草及病害防治优化模式、水肥药一体化优化模式等8个处理（表5）。

表5 夏玉米田病虫草防治优化及水肥药一体化技术研究试验设计

编号	处理	药剂用量/（g 或 mL/hm²）（喷液量450 L/hm²）
A	空白对照	不再作任何病害、草害防治
B	玉米5~6叶期除草 小喇叭口期病虫害防治	玉京香 + 鼎隆（1 500 mL + 750 mL） 诺卡（600 mL）+ 富郎（375 mL）
C	玉米5~6叶期除草 小喇叭口期病虫害防治	玉京香 + 排草丹（1 350 mL + 2 250 mL） 诺卡（600 mL）+ 富郎（375 mL）
D	玉米5~6叶期除草 小喇叭口期病虫害防治	玉京香 + 鼎隆（1 500 mL + 750 mL） 康宽（225 mL）+ 永苗（450 mL）
E	玉米5~6叶期除草 大喇叭口期病虫害防治	玉京香 + 鼎隆（1 500 mL + 750 mL） 康宽（225 mL）+ 永苗（450 mL）
F	玉米5~6叶期除草、杀虫 大喇叭口期病虫害防治	玉京香 + 排草丹（1 350 mL + 2 250 mL）、康宽（225 mL） 康宽（225 mL）+ 永苗（450 mL）
G	玉米5~6叶期除草 小喇叭口期病虫害防治	处理D药剂减量30% + 助剂
H	玉米5~6叶期除草 大喇叭口期水肥药一体化防治	玉京香 + 排草丹（1 350 mL + 2 250 mL） 康宽（225 mL）+ 永苗（450 mL）+ 甘乐（1 000 mL）

注：玉京香为40 g/L烟嘧磺隆OD，河北中保绿农作物科技有限公司生产；富郎为40%苯甲·吡唑酯SC，永农生物科学有限公司生产；排草丹为480 g/L灭草松AS，巴斯夫欧洲公司生产。助剂为日本花王株式会社生产的植物精油增效剂。甘乐为美国富美实公司生产的有机水溶肥料。

试验结果表明（表6~表8）：夏玉米田杂草易受前茬作物影响，尤其前茬为油菜时，自生油菜对玉米生长危害最大；杂草与夏玉米萌发时间接近、发生量大，需要尽早防治。玉米生长前期主要受玉米粘虫危害，生长后期主要受玉米螟危害，危害程度轻至中等。玉米生长前中期病害主要为玉米普通锈病和大斑病，病害发生的时间和发病程度受气候影响较大；成熟期玉米穗腐病与玉米螟的危害程度呈正相关。本试验对比多种病虫草害防治技术，发现"1次封闭除草"［在玉米播种后出苗前喷施900 g/L乙草胺乳油（1 800 mL/hm²）＋75%氯吡嘧磺隆水分散粒剂（60 g/hm²）］或"1次苗期茎叶除草"［在玉米4~6叶期、杂草2~5叶期喷施4%烟嘧磺隆可分散油悬浮剂（1 500~1 800 mL/hm²）＋200 g/L氯氟吡氧乙酸乳油（750~900 mL/hm²）］可以有效防治田间多种杂草；玉米小喇叭口—大喇叭口期再进行"1次病虫害防治"［喷施20%氯虫苯甲酰胺悬浮剂（450 mL/hm²）＋30%苯甲·丙环唑乳油（450 mL/hm²）］可以有效防治田间主要病虫害。此外，在夏玉米试验中，降低除草剂、杀虫剂、杀菌剂用量30%再添加助剂使用，对于病虫草害的防治效果未见明显降低。

表6　夏玉米田杂草的鲜重防治效果

处理	自生油菜/g	饭包草、鸭跖草/g	禾本科杂草/g	其他阔叶杂草/g	总杂草/g	总杂草覆盖度/%
A	947.33	201.33	34.67	41.33	1 224.67	88
B	98.91	97.52	100	95.97	98.61	15.67
C	98.77	99.17	96.15	99.19	98.78	11.67
D	98.94	98.34	100	99.19	98.88	15
E	99.37	97.52	100	96.77	98.99	16.67
F	99.54	96.19	98.08	91.13	98.67	13
G	99.09	93.54	97.12	93.55	97.93	18.67
H	99.16	94.7	98.08	93.55	98.2	16

表7　夏玉米粘虫的受害株率及防治效果

处理	7月15日		8月11日	
	受害株率/%	防效/%	受害株率/%	防效/%
A	16.75	—	12.82	—
B	12.82	23.46cB	10.94	14.67cC
C	12.31	26.52cB	12.14	5.33dC
D	5.13	69.38abA	8.72	32.00bcB
E	12.82	23.46cB	6.32	50.67aA
F	4.62	72.45aA	5.13	60.00aA
G	4.62	72.45aA	7.01	45.33abA
H	13.85	17.34cB	8.55	33.33bcB

表8　夏玉米锈病、大斑病的受害情况及防治效果

处理	玉米锈病		玉米大斑病	
	受害叶片数	防效/%	受害叶片数	防效/%
A	61	2.61（受害率）	5.67	0.24（受害率）
B	54.33	10.93	4	29.45
C	57.67	5.46	1.33	76.54
D	37	39.34	1	82.36
E	68	−11.48	0	100
F	59.67	2.18	3	47.09
G	47	22.95	4.67	17.64
H	71.33	−16.93	3	47.09

示范区多年调查表明（表9）：在添加助剂减少除草剂、杀虫剂、杀菌剂用量30%情况下，示范区夏玉米平均因病虫死穗率为3.0%，较传统技术模式减低了1.2个百分点；冬油菜平均因病虫死穗率为5.2%，较传统技术模式减低了1.6个百分点；周年粮油作物平均因病虫死穗率为8.2%，较传统技术模式降低了2.8个百分点，降幅达到25%以上。

表9　示范区因病虫死穗率统计表

年度/年	因病虫死穗率/%								
	夏玉米			冬油菜			周年		
	示范	对照	较对照/±%	示范	对照	较对照/±%	示范	对照	较对照/±%
2016	4.7	6.3	−25.40	5.3	6.2	−14.52	10	12.5	−20.00
2017	3.4	4.8	−29.17	4.6	5.8	−20.69	8	10.6	−24.53
2018	2.3	3.4	−32.35	5.4	7.3	−26.03	7.7	10.7	−28.04
2019	1.6	2.4	−33.33	5.6	8.2	−31.71	7.2	10.6	−32.08
加权平均	3.0	4.2	−29.12	5.2	6.8	−23.97	8.2	11.0	−25.94

（四）增产增收效果分析

经多年多点调查表明（表10）：示范区夏玉米平均亩产531.8 kg，较传统技术模式亩均增产82.5 kg，增幅18.37%。夏玉米亩均新增产值148.6元，同时亩均节约成本242元，亩均新增纯收益390.6元。冬油菜平均亩产176.4 kg，较传统技术模式亩均增产21.2 kg，增幅13.61%。冬油菜亩均新增产值55.1元，同时亩均节约成本147元，亩均新增纯收益201.9元。周年粮油平均亩产708.2 kg，较传统技术模式亩均增产103.7 kg，增幅17.16%。周年粮油亩均新增产值203.7元，同时亩均节约成本389元，亩均新增纯收益592.5元。2016—2019年累计示范3 476亩，累计新增粮油38.86万kg，新增产值76.30万元，新增纯收益221.94万元，取得了显著的社会经济生态效益。

表 10　示范区产量及增收效果统计

作物	年度/年	面积/亩	示范区产量/(kg·亩⁻¹)	对照田产量/(kg·亩⁻¹)	亩增产/kg	增产率/%	亩增收/元	亩节本/元	亩增纯收/元
夏玉米	2016	816	446.8	412.3	34.5	8.37	62.1	242	304.1
	2017	1 138	454.7	404.6	50.1	12.38	90.2	242	332.2
	2018	912	494.6	423.2	71.4	16.87	128.5	242	370.5
	2019	880	748.8	568.2	180.6	31.78	325.1	242	567.1
	合计	3 746	531.8	449.2	82.5	18.37	148.6	242	390.6
冬油菜	2016	816	165.2	153.4	11.8	7.69	30.7	132	304.1
	2017	1 138	173.3	155.2	18.1	11.66	47.1	146	332.2
	2018	912	181.3	157.7	23.6	14.97	61.4	154	370.5
	2019	880	185.7	154.3	31.4	20.35	81.6	154	567.1
	合计	3 746	176.4	155.2	21.2	13.65	55.1	147	201.9
周年	2016	816	612.0	565.7	46.3	8.18	92.8	374	466.8
	2017	1 138	628.0	559.8	68.2	12.18	137.3	388	525.3
	2018	912	675.9	580.9	95.0	16.35	189.9	396	585.9
	2019	880	934.5	722.5	212.0	29.34	406.7	396	802.7
	合计	3 746	708.2	604.4	103.7	17.16	203.7	389	592.5

四川盆地旱作小麦
田间节水节肥节药生产技术模式

一、背景与原理

（一）背景

四川盆地是西南地区重要的小麦主产区，旱地农业在保障该区粮食安全上具有重要意义。然而，丘陵旱地土层瘠薄、肥力低下，降雨季节间分布不均，冬干春旱严重，小麦季累计降水不足 200 mm，小麦生长严重受限，生物量不足，分蘖缺位现象严重，群体质量差，花前干物质积累少，产量低，品质不高不稳、水肥药利用率和劳动生产效率低。加上农业人口大量转移，农村劳动力严重不足，农户对小麦高产、节本增效、机械化的要求尤其迫切。如何结合当前生产实际，通过农艺措施蓄积夏季降水供应冬季小麦生长需要，是实现四川盆地旱作小麦水肥高效利用的可持续发展之路。

丘陵旱地冬小麦—夏玉米种植模式因其利于机械化而深受大户喜爱，被称为旱地"新两熟"。结合新型种植制度，项目组以夏玉米收获后秸秆就地粉碎覆盖，小麦季免耕带旋机播为技术关键点，配合抗逆高产良种，结合适期早播、适宜基本苗、氮肥后移、一喷多防等，集成了"旱地小麦秸秆覆盖蓄水保墒水肥高效利用绿色生产技术"模式。该模式在稳产增产的前提下，提高水肥药的高效利用，大幅提升旱地小麦机械化生产水平和生产效率，实现农产品产量与质量安全、农业生态环境保护相协调的可持续发展，同时降低农业生产成本，促进农民的节本增效。

（二）原理

1. 秸秆覆盖抑蒸发蓄水保墒，满足了小麦孕穗前的水分需求

秸秆覆盖抑制土壤蒸发，提高 0～40 cm 土壤含水量，储水量显著提高，可满足小麦孕穗期之前生长对水分的需求。秸秆覆盖的温度缓冲效应减小了土壤昼夜温差。与不覆盖相比，在苗期秸秆覆盖白天降温，夜间保温；在拔节期秸秆覆盖有效提高土壤温度；在孕穗期及之后表现为高温时降温，低温时保温的特点。

秸秆覆盖下播种—拔节和拔节—开花阶段的耗水量较不覆盖分别提高 21.2% 和 18.4%，生育期总耗水量和水分利用效率分别提高 11.7% 和 74.5%。秸秆覆盖可有效降低田间蒸散量。干旱年田间蒸散量比湿润年田间蒸散量低了 8.8%，而水分利用效率高了 14.7%。不同耕作方式的对比研究发现：免耕秸秆覆盖下水分利用效率比秸秆覆盖＋旋耕管理下提高 15.6%。秸秆覆盖免耕可蓄水保墒，提高 0～10 cm 土壤含水量，可缓解分蘖期干旱胁迫，从而提高小麦产量和水分利用效率（图1）。

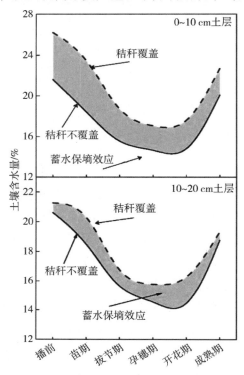

图1　秸秆覆盖后的蓄水保墒效应

2. 长期秸秆还田优化了土壤微生物群落结构，提升了地力

秸秆覆盖提高了小麦根际细菌群落的多样性和组成，固氮微生物的多样性和丰度更高。无秸秆覆盖处理下变形菌（proteobacteria）更为丰富，占总丰度的 88.3%（$P < 0.01$），秸秆覆盖下土壤物种多样性更大的酸杆菌（acidobacteria）、氯屈曲菌（chloroflexi）、疣状芽胞菌（verrucomicrobia）、芽单胞菌（gemmatimonades）、放线菌（actinobacteria）、扁平菌（planctomycetes）和岩土细菌（rokubacteria）的含量更高（$P < 0.01$）。覆盖处理的固氮微生物多样性更高，*nifH* 基因丰度更高。硝化作用是土壤氮循环的一个重要方面，它有助于作物吸收土壤里的氮并调节土壤中氮的流失。氨氧化是硝化反应的限速步骤，由氨氧化古细菌（AOA）和细菌（AOB）共同驱动。覆盖处理下土壤硝化古菌 *amoA* 基因丰度和氨氧化细菌（AOB）丰度增加，AOA 丰度对氮的敏感性低于 AOB（图2）。优势氨氧化菌群落由 AOA 转变为 AOB。氨氧化细菌群落是促进根系氮吸收，减少土壤氮残留和秸秆覆盖下水氮磷高效利用的关键。

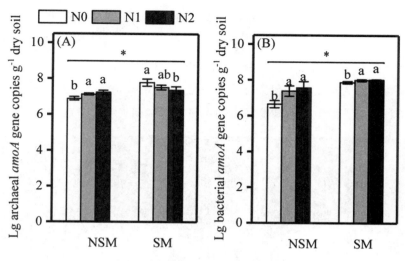

（SM：秸秆粉碎覆盖，NSM：无覆盖）

图2　秸秆覆盖对 *amoA* 基因丰度的影响

定位试验3～4年后，秸秆覆盖下土壤有机质提高34.1%（$P < 0.05$）。同时，土壤全氮、碱解氮、速效磷、速效钾含量显著增加（$P < 0.05$），分别较不覆盖提高6.64%，7.34%，16.2%，14.3%（表1）。

表1　秸秆还田对小麦成熟期土壤养分的影响

处理	有机质/（g·kg⁻¹ ）		全氮/（g·kg⁻¹ ）		碱解氮/（mg·kg⁻¹ ）		速效磷/（mg·kg⁻¹ ）		速效钾/（mg·kg⁻¹ ）	
	2018 年	2019 年	2018 年	2019 年	2018 年	2019 年	2018 年	2019 年	2018 年	2019 年
无覆盖	18.0 ± 2.82b	15.8 ± 0.67B	1.08 ± 0.07b	0.99 ± 0.07B	85.5 ± 3.16a	63.3 ± 4.88B	5.15 ± 0.61a	5.52 ± 0.38b	158 ± 2.71B	153 ± 3.42B
秸秆覆盖	22.2 ± 1.23a	23.3 ± 0.80A	1.16 ± 0.07a	1.05 ± 0.06A	88.9 ± 3.39a	70.7 ± 3.47A	5.89 ± 0.44a	6.51 ± 0.39a	180 ± 21.22A	174 ± 23.6A

3. 秸秆覆盖改善了根系构型，促进了根系对养分的吸收利用

秸秆覆盖下的小麦根系纵向和横向均发展，根量增多，根表面积密度和根体积密度增加，尤其是根系横向分布增多、导致0～10 cm 土层根系变粗、增多的特点。根系活力增强，有效促进了根系对耕层土壤水分和养分的吸收利用（图3）。

秸秆覆盖显著提高了冬小麦氮素积累速率和积累速率峰值，并使峰值到达时间提前14～19天。秸秆覆盖下小麦拔节期、开花期和成熟期的氮素积累量较不覆盖分别提高120.2%、108.1%和73.1%。秸秆覆盖显著促进小麦花前氮素转运，使花前氮素转运量和转运率显著提高，花前氮素对籽粒的贡献效率达72.0%，较不覆盖提高28.2%，氮肥农学效率、氮肥偏生产力和氮肥表观利用率分别增加367.1%、83.7%和193.0%。

秸秆覆盖显著提高肥料氮素积累量，使小麦对肥料氮素的吸收效率提高15.4个百

分点，达到 43.4%，使土壤中肥料氮素残留量、残留率、损失量和损失率分别降低 26.5%、25.8%、18.2% 和 19.2%；覆盖同时显著促进小麦基肥和拔节肥中肥料氮素的吸收。秸秆覆盖下减氮有利于提高对肥料氮素的吸收效率，降低土壤中肥料氮素残留量、损失量和损失率。秸秆覆盖显著提高土壤氮素输出量，降低表观氮素损失量和损失率。秸秆覆盖下减氮显著降低氮素输出量和氮素损失（表2）。

图3 秸秆覆盖后小麦根系田间生长情况

表2　秸秆覆盖与施氮量对土壤氮平衡与根系氮素吸收效率的影响

年份		2016—2017 年				2017—2018 年			
^{15}N 标记时期	处理	肥料氮素积累量/（kg·hm^{-2}）	吸收利用率/%	残留率/%	损失率/%	肥料氮素积累量/（kg·hm^{-2}）	吸收利用率/%	残留率/%	损失率/%
基肥标记	不覆盖	30.7	33.5	32.4	34.2	24.5	27.6	22.1	50.3
	秸秆覆盖	43	48.7	12.3	39.1	35.8	40.4	13.8	45.8
	N$_{120}$	30.1	41.8	17.7	40.5	26.2	36.5	20.6	42.9
	N$_{180}$	43.6	40.3	26.9	32.7	34.1	31.6	15.3	53.2
追肥标记	不覆盖	21.3	35	28	37	17.7	30.1	23.8	46.1
	秸秆覆盖	30.3	51.6	34	14.3	22.7	37.7	21.3	41.1
	N$_{120}$	21.7	45.1	34.6	20.3	16.7	34.9	25.2	39.9
	N$_{180}$	29.9	41.5	27.3	31.1	23.6	32.8	20	47.2
基肥与追肥同时标记	不覆盖	53.7	36.5	30.5	32.9	35.8	24.6	24.1	51.2
	秸秆覆盖	88.6	59.6	17.7	22.8	57.6	38.9	15.1	45.9
	N$_{120}$	61.3	51	22.2	26.8	41.9	35	21	44
	N$_{180}$	81.1	45.1	26	28.9	51.5	28.6	18.2	53.2

4. 秸秆覆盖促进了地上部分物质生产，提升了小麦生产能力

秸秆覆盖可显著提升小麦干物质积累能力，覆盖下冬小麦叶长、叶宽和叶面积指数显著提高（图4），花后叶绿素降解显著减缓；小麦花前干物质积累量提高71.5%，花后干物质积累量也显著增加；覆盖显著提高花前干物质向籽粒的转运量，同时提高花后干物质对籽粒的贡献（图5）。

秸秆覆盖显著提高冬小麦分蘖能力和分蘖成穗率，进而显著提高有效穗数；覆盖下单穗小穗数、单穗可育小花数和可育小花结实率显著提高，从而显著提高小麦穗粒数。秸秆覆盖下小麦有效穗数和穗粒数的显著提升，可使小麦产量显著增加，4年的实验结果表明，秸秆处理后小麦增产15.90%～114.4%。

图4　花后干小麦田间生长情况与各叶位叶片特征（左：覆盖；右：不覆盖）

图5 拔节期和开花期时小麦田间生长情况

二、主要内容与技术要点

（一）选择高产、广适、耐逆性强的大穗型品种

四川丘陵旱地土壤干旱贫瘠，土壤有机质含量低，需要根系相对发达、地上部生物量大的品种；同时，旗叶瞬时水分利用效率高，有效开闭控制的气孔水气交换对维持较高的光合作用和生物量有显著的促进作用。由于四川小麦生育期间气候特点为"两短一长"，即全生育期短（190天左右）、苗期短（80天左右）、灌浆期长（45天左右），有效分蘖临界期不足30天，因而分蘖少、分蘖成穗少、有效穗低是限制高产的主要因素。品种选择上，大穗型品种分蘖潜力、产量潜力受环境和栽培措施调控空间更大。我们的研究表明，针对大穗型品种川麦104和多穗型品种川农16，在秋闲季玉米秸秆覆盖配施干猪粪条件下进行适期早播形成优化栽培管理，采用人工开沟点播模拟免耕带旋机播，结果表明优化栽培显著促进两种穗型小麦分蘖早生快发，缩短有效分蘖临界期，提高有效分蘖发生速率，增加了拔节时第一、第二叶位分蘖叶龄，最终大穗型川麦104单株成穗数达到1.56穗，多穗型川农16达到1.70穗，其提高幅度远远高于单因素试验中1.1~1.4穗的单株成穗数，体现了优化栽培管理的系统优势。最

终优化栽培管理下，川麦104有效穗增加11.0%～18.4%，川农16有效穗增加4.5%～8.7%。同时，优化栽培更能激发大穗型品种物质生产潜力，大穗型品种川麦104主茎和分蘖干物质积累量均高于多穗型品种川农16，最终以大穗型产量优势更加明显。两年平均优化栽培管理下，川麦104和川农16的总产量分别达到7 030.5 kg/hm² 和6 133.5 kg/hm²，较常规栽培分别增加24.2%和22.8%。

通过多年多品种的系统研究，适合于丘陵旱地小麦优质高产的品种特征特性如下：①小麦生育期181天左右，播种到拔节84天，孕穗到抽穗7天，抽穗到开花6天；②半直立或者直立型大穗品种，叶长小于16 cm 宽度大于2 cm；③不实1、2位小花数小于1.8枚；④花前转运量2 550 kg/hm²以上，对籽粒贡献40%以上，花后转运3 375 kg/hm²以上，对籽粒贡献近60%；⑤主茎和分蘖干物质积累量在拔节期为6:4，开花期和成熟期为7:3；⑥根系氮吸收能力强，花后20天有较高的 Pn、AQY 和 WUE，花后30天叶片SPAD 在45～49。川麦104、川育25等适合于在丘陵旱地种植。

（二）秋闲季秸秆覆盖，配合免耕带旋机播

结合四川旱地"冬小麦—夏玉米"新两熟种植制度，夏玉米8月底收获，小麦10月底播种，从玉米收获到小麦播种，还有近2个月的秋闲。为减少水分蒸发、蓄积秋闲季降水，实现夏水冬用。玉米收获后，将秸秆粉碎覆盖于田间（图6），小麦季播种时，采用免耕带旋播种机，实现播种覆土与表层秸秆覆盖相结合（图7）。连续四年的定位试验结果表明，秸秆覆盖后小麦增产15.9%～114.4%。

图6　机收玉米　　　　　　　　图7　免耕带旋机播小麦

（三）采用适宜的播期密度

适期早播有利于旱地小麦建立良好的开端优势，促进低位分蘖发生与成穗，同时以早制旱。我们的研究表明，适期早播（10月23日）小麦产量提高27%～33%，增产的原因在于适期早播较正常播期有效穗提高26.0%，穗粒数增加15.2%。分析主茎和分蘖穗对产量的贡献结果表明：分蘖穗对小麦产量贡献为10.1%～34.3%，第2叶位的贡献高于第1叶位，主茎与分蘖穗产量比例为1:0.2～0.3。适期早播提高了分蘖穗对小麦产量的贡献。

丘陵旱地不同种植密度的研究表明（表3）：丘陵旱地基本苗设定为200～250株/m²，有效穗和产量最优。该密度范围内，有效穗较其他处理高3%～6%。低密度条件下（基本苗为150株/m²），小麦单株主茎穗重、分蘖穗重最高，但是由于有效穗不足，因而产量较低。高密度条件下（基本苗300株/m²），有效穗虽然较高，但单株主茎穗重、分蘖穗重均显著降低，分蘖穗重较150株/m²、225株/m²处理分别下降19.9%、12.6%，分蘖穗重较225株/m²下降24.5%，导致单株穗重显著下降。基本苗为200～250株/m²条件下，小麦穗数与穗重协调。

综合来看，丘陵旱地耐低温的大穗型小麦品种早播和中等基本苗有利于小麦高产，推荐的基本苗为200～250株/m²，10月23日左右播种效果较佳。可有效促进分蘖、减少消亡、增加有效穗，同时提高主茎和有效分蘖的物质积累、减少无效分蘖积累，显著提高花前干物质转运量、转运率及转运干物质对籽粒的贡献率，实现增产并早收。

表3　播期和密度对丘陵旱地小麦产量与产量构成的影响

处理	有效穗/m²	穗重/g		穗粒数/(个·穗⁻¹)		千粒重/g		结实小穗/(个·穗⁻¹)		不实小穗/(个·穗⁻¹)		量/(kg·hm⁻²)
		主茎	分蘖	主茎	分蘖	主茎	分蘖	主茎	分蘖	主茎	分蘖	
2015—2016 年												
川麦104	306a	2.08b	1.54b	41.8b	35.7b	49.8a	43.1a	18.2b	16b	2.5a	3.4b	5 809b
川农30	308a	2.36a	1.81a	46.5a	40.5a	50.7a	44.6a	20.8a	18.2a	2.5a	4.3a	6 659a
10/20	304b	2.2a	1.58b	44a	36.5b	49.9a	43a	19.2b	16.8b	3.0a	4.4a	6 058b
10/30	310a	2.24a	1.77a	44.2a	39.7a	50.6a	44.6a	19.8a	17.4a	2.0b	3.4b	6 410a
150	297b	2.2b	1.73b	43.9b	39.4a	49.9b	43.8a	19.6a	17.4a	2.4b	3.9ab	5 876c
200	312a	2.28a	1.69a	44.6a	38.1b	51.2a	44.2a	19.4a	17ab	2.5ab	3.7b	6 487a
250	313a	2.18b	1.6b	43.8b	36.7c	49.7b	43.5a	19.5a	16.9b	2.5a	4a	6 338b
2016—2017 年												
川麦104	333a	2.19a	1.50a	40.3a	30.9a	54.5a	48.5a	13.8a	11.9a	2.7a	4.5a	6 541a
川农16	296b	1.75b	1.16b	34.3b	24.8b	50.8b	46.4b	12.3b	10.6b	2.4b	4.3a	4 622b
10/23	326a	2.03a	1.39a	38a	28.8a	53.3a	48.1a	13.8a	12.1a	2.4b	4.4a	5 906a
10/30	302b	1.91a	1.27b	36.6b	27b	52b	46.9b	12.3b	10.5b	2.7a	4.4a	5 256b
150	264d	2.16a	1.56a	40.1a	32.1a	53.8a	48.7a	14a	12.8a	2.3c	4.0c	5 211c
225	343a	2.09a	1.43a	39.3a	29.8b	53.2a	48.0a	13.3a	12b	2.6b	4.3b	6 568a
300	327b	1.88c	1.25c	35.9c	26.3c	52.2c	47.3c	12.6c	10.9c	2.6b	4.6b	5 510b
375	323c	1.75d	1.08d	33.9d	23.4d	51.4d	46d	12.3c	9.5d	2.7a	4.7a	5 036d

（四）有机无机配施、氮肥后移、减氮增磷，优化养分运筹

提倡有机无机配施，施氮量从180 kg/hm²减少到120 kg/hm²，氮肥采用底肥∶拔节肥＝6∶4的比例，追肥在拔节期追施，提倡底肥施用多肽尿素，磷肥施用量为75～

120 kg/hm²。

有机无机配施有利于丘陵旱地中筋小麦产量品质协同提升，提高氮肥偏生产力，推荐施肥量及配比为 120 kg N/hm² 水平下有机氮∶无机氮＝1∶1，有机氮源推荐使用生物有机肥。该方案下，可显著提高穗数、穗粒数从而提高产量，但对蛋白质含量、湿面筋含量和沉降值无显著影响（表4）。

表4　氮量与有机无机比例对小麦籽粒产量，蛋白质品质和氮肥偏生产力的影响

处理		产量/(kg·hm⁻²)	穗数/(穗·m⁻²)	穗粒数/粒	千粒重/g	蛋白质含量/%	湿面筋含量/%	沉降值/mL	氮肥偏生产力/(kg·kg⁻¹)
N120	100% 尿素	4 997b	302b	37.1ab	52.0a	13.2ab	38.0a	48.6b	41.6b
	25% 有机肥＋75% 尿素	4 961b	325a	36.0ab	52.4a	13.0b	38.0a	48.9b	41.3b
	50% 有机肥＋50% 尿素	5 199a	320a	37.4a	53.1a	12.8b	37.9a	49.1ab	43.3a
	75% 有机肥＋25 尿素	4 720c	277c	35.5bc	52.4a	13.5a	36.9b	49.7ab	39.3c
	100% 有机肥	4 713c	277c	35.2c	52.3a	12.7b	38.2a	50.2b	39.3c
N180	100% 尿素	4 879c	305a	35.0ab	51.9a	13.5b	38.3b	49.1ab	27.1c
	25% 有机肥＋75% 尿素	5 136b	315a	33.6b	52.5a	12.8c	39.5a	50.2a	28.5b
	50% 有机肥＋50% 尿素	5 519a	312a	36.7a	52.4a	13.9a	39.1ab	48.7b	30.6a
	75% 有机肥＋25 尿素	4 682d	280b	35.0ab	52.9a	13.5b	37.2c	49.1ab	26.0c
	100% 有机肥	4 836c	287b	36.5a	51.8a	12.8c	35.8d	49.0ab	26.9c

注：同一性状不同处理的数据后不同字母表示处理间差异达5%显著水平。

提倡氮肥后移（底肥∶拔节肥＝6∶4）。相比重底早追（底肥∶苗肥＝7∶3）和底肥一道清（底肥∶苗肥＝10∶0），开花—成熟期，氮肥后移型（底肥∶拔节肥＝6∶4）的干物质积累量显著提高。增施氮肥均增加了籽粒产量，但 120 kg/hm² 和 180 kg/hm² 差异不显著，氮肥后移因有效穗显著提高而增产（表5）。

表5　施氮量及施肥方式对川麦104产量的影响

处理		有效穗/（万·hm⁻²）		穗粒数/粒		千粒/g		产量/（kg·hm⁻²）	
		2013/14	2014/15	2013/14	2014/15	2013/14	2014/15	2013/14	2014/15
施氮量	CK	323.1	254.2	44.2	28.3	52	49.9	5 394.5	3 491.1
	A1	347.3a	329.9a	48.1a	40.3a	51.5a	50.2a	7 316.7a	6 488.9a
	A2	354.9a	344.8a	49.2a	42.3a	51.8a	50.6a	7 605.0a	6 832.4a
施肥方式	B1	331.3b	342.9a	49.1a	40.5a	52.4a	50.5a	7 160.9b	6 495.6a
	B2	357.4ab	336.6a	48.3a	41.3a	51.1b	50.3a	7 425.2b	6 704.3a
	B3	364.5a	332.5a	48.5a	42.3a	51.5b	50.4a	7 796.5a	6 782.2a

备注：CK、A1、A2 分别表示施氮量为 0、120 kg/hm² 和 180 kg/hm²，B1、B2、B3 分别表示底肥一道清，底肥∶苗肥＝7∶3，底肥∶拔节肥＝6∶4。

相比常规尿素，施用多肽尿素增加小麦群体有效穗，提高穗粒数，增加千粒重，从而显著提高小麦产量，相对于施加普通尿素处理增产了 15%。同时，施用多肽尿素提高了小麦氮肥吸收利用率、小麦氮素生产籽粒效率和小麦氮肥偏生产力，提高了氮肥生理利用率，显著提高氮肥农学效率（表 6）。

表 6　不同尿素对小麦产量及产量构成的影响

施 N 量/ (kg·hm⁻²)	尿素 种类	有效穗/ (10⁴·hm⁻²)	穗粒数 /粒	千粒重 /g	产量/ (kg·hm⁻²)	氮肥 偏产力/ (kg·kg⁻¹)	氮肥农 学效率/ (kg·kg⁻¹)	氮素生产 籽粒效率/ (kg·kg⁻¹)	氮肥吸收 利用率 /%	氮肥生 理利用率/ (kg·kg⁻¹)
120	多肽 尿素	328.3a	41.51a	50.417a	6 076.4a	50.64a	15.6a	42.01a	37a	45.55a
	普通 尿素	313.3a	39.17a	50.241a	5 635.4b	49.42a	11.9b	40.48b	29a	41.06a
180	多肽 尿素	310.8a	43.38a	52.195a	6 708.3a	35.46a	13.9a	36.58a	44a	31.60a
	普通 尿素	317.5a	41.53a	51.378a	5 444.4b	30.25a	6.9b	37.36a	34a	20.33a
多肽尿素		319.5a	42.44a	51.333a	6 392.4a	43.05a	14.73a	39.30a	41a	38.57a
普通尿素		315.4a	40.35a	50.810a	5 539.9b	39.83a	9.38b	38.92a	32a	30.70a

碱性紫色土背景下，增施磷肥增产效应显著。增施磷肥的主要作用在于前期促进分蘖增加有效穗，后期提高旗叶光合作用促进籽粒灌浆，最终产量大幅提升，同时有助于改善面筋品质。磷肥施用量为 75 ~ 120 kg/hm²。

（五）ABA 防控穗发芽

西南麦区收获季多阴雨导致籽粒易穗发芽是造成该区域小麦品质变劣和商品性差的重要影响因素。以白皮小麦品种中科麦 138 和红皮小麦品种绵麦 367 为材料，通过灌浆初期（15DAA）、灌浆后期（30DAA）以及生理成熟期（35DAA）喷施不同浓度 ABA（0、50 mg/L、100 mg/L），研究其对两粒色小麦品种穗发芽表型，灌浆期间 $\alpha-$淀粉酶活性、籽粒可溶性糖和淀粉含量动态，收获后籽粒蛋白质、湿面筋含量、沉淀值、淀粉组分及 RVA 特征值的影响。研究结果表明：花后喷施不同浓度 ABA 对小麦穗发芽均有抑制作用，两个年度均以花后 30 天喷施抑制发芽效果为最好；收获期雨水较少年份（2018 年）施用 50 mg/L 喷施浓度即可，中科麦 138 生理成熟期及蜡熟期的粒发芽率较对照下降 13.8 和 3.8 个百分点，绵麦 367 则较对照下降 23.5 和 9.7 个百分点；收获期雨水较多年份（2019 年）则以 100 mg/L 喷施浓度抑制作用更优，中科麦 138 生理成熟期及蜡熟期的粒发芽率较对照下降 22.5 和 19.6 个百分点，绵麦 367 则较对照下降 10.0 和 12.0 个百分点；同时，不同时期不同浓度 ABA 处理后对种子发芽的抑制作用均在收获后 60 天得以解除，不影响后续正常发芽。喷施外源 ABA 后可降低

α－淀粉酶活性，对穗发芽敏感期（花后 35～45 天）α－淀粉酶活性抑制作用显著，以花后 30 天喷施抑制效应最好，此期喷施 ABA 100 mg/L，花后 45 天籽粒 α－淀粉酶活性较对照下降 30.1%，可溶性糖含量较对照下降 41.9%，而淀粉含量较对照提高 10.2 个百分点，淀粉水解受到抑制。喷施 ABA 后可提高蛋白质质量，100mg/L 喷施浓度处理的沉淀值较 CK 提高 4.3%～8.8%；外源喷施 ABA 对籽粒淀粉组分及面粉糊化特性影响更大，处理后支链淀粉含量增加进而总淀粉含量增加；100mg/L 喷施浓度处理的支链淀粉和总淀粉含量分别较 CK 增加 8.1 和 7.6 个百分点，直/支比下降 18.2%，面粉糊化特性进一步改善，降落值、峰值黏度和崩解值提升，随浓度增大呈增加趋势，100 mg/L 喷施浓度处理的降落值、峰值黏度和崩解值较 CK 提高幅度分别为 20.9%～24.2%、26.5%～51.4% 和 12.4%～43.4%。以上研究结果表明：西南麦区于花后 30 天喷施 ABA 50～100 mg/L，可有效抑制穗发芽敏感期 α－淀粉酶活性，抑制淀粉水解，降低穗发芽率和粒发芽率，提高蛋白质质量，并可增加支链淀粉含量和总淀粉含量，降低直/支比，改善面粉的糊化特性，可作为西南麦区生育后期增强小麦穗发芽抗性及减损提质的重要栽培管理措施。

（六）技术模式集成、优化与示范

关键技术：①采用冬小麦—夏玉米复合种植模式；②夏玉米收获后粉碎秸秆覆盖于田间；③小麦采用免耕带旋机播。

配套技术：①抗逆高产良种；②减氮增磷，氮肥后移；③适宜基本苗；④适期早播；⑤病虫害绿色防控；⑥防控穗发芽。

具体内容：选择适宜夏播的夏玉米良种，如正红 6 号、仲玉 3 号等，种植密度 60 000 株/hm²，行距 80 cm，小麦收获后立即播种。玉米采用联合收割机收获，玉米秸秆被切成 3～6 cm 短节，或人工收穗后用秸秆粉碎机粉碎玉米秸秆，自然分布于土壤表层，均匀覆盖。于 10 月底或 11 月初开展小麦播种，选用川麦 104、川育 25 等抗逆高产良种，播种量 225 kg/hm² 左右，播种行距为 20 cm，施肥量为：纯 N 120～150 kg/hm²，P₂O₅ 120 kg/hm²，K₂O 75 kg/hm²，氮肥施用比例为 6:4（基肥:拔节肥）。在小麦播种前 10 天，喷洒除草剂，而后采用四川省农科院改良的"2BFM－8 型"或"2BFM－12 型"免耕带旋播种机播种和电子驱动播种，播种时将防虫药剂如吡虫啉拌种防治地下害虫，四叶期视田间杂草发生情况进行化学防除，开花期开展一喷多防，防治条锈病、白粉病、赤霉病，提高旗叶光合作用的能力，延缓旗叶衰老。

在西充县、仁寿县，结合当地实际开展技术模式优化与示范，并对仁寿县就该技术模式的集成效应开展了现场验收，实收面积 1.147 亩，含水量 32.48%，折合 13% 标准含水量亩产 500.6 kg；农民模式实收面积 1.083 亩，含水量 31.62%，折合 13% 标准含水量亩产 278.9 kg。该模式与农民模式相比，增产 79.5%，节氮 23.1%，氮肥偏生产力提高 133%。同时，该技术模式巧妙利用农村难以处理的秸秆资源，减少焚烧带来的环境污染，并有效培肥土壤，实现了"作物丰产、资源高效、土壤培肥、环境友好、节本增收"的多重效果。

三、特点与创新点

（一）特点

1. 统筹周年，绿色生产

该模式因地制宜，结合"冬小麦—夏玉米"新型种植制度，将夏玉米秸秆粉碎覆盖，实现秸秆还田，减少秸秆焚烧带来的环境污染，同时秸秆还田增加土壤有机质含量，进而改善土壤微生物群落组成，促进土壤肥力提升，是一种环境友好型绿色生产模式。

2. 夏水冬用，提升水资源和肥料利用效率

针对四川降水总量丰富，但季节间分配不均、丘陵旱地冬干春旱，严重的气候生态特点，通过秋闲季秸秆覆盖，抑制蒸发，增加土壤贮水量，改善土壤墒情，满足小麦孕穗前的水分需求，通过农艺节水，实现水资源高效利用。同时，以水调肥，肥料利用效率也得到大幅提升。

3. 与机械化生产相适应

随着新型经营主体的兴起，实施机械化的种植模式更受种植大户的欢迎。随着机械的升级换代，西南地区玉米机收也成为可能。同时，秸秆粉碎机非常成熟，完全能解决玉米秸秆粉碎还田。小麦免耕带旋机播技术也是四川省的主推技术，有成熟机型，因此，该项技术满足生产需求，通过机械化实施，可大幅提高生产效率。

（二）创新点

1. 创新了新型种植制度水分高效利用的关键技术环节，实现丘陵旱地小麦生产绿色高效。

该模式立足四川降水季节间分布不均、小麦生育期内冬干春旱严重缺水的实际，创新性地提出旱地新两熟冬小麦—夏玉米周年轮作的种植制度，在夏玉米收获后立即将玉米秸秆粉碎覆盖还田，通过抑蒸、蓄水、增墒、保墒效应，夏水冬用，保障小麦孕穗前的水分需求，以水调肥，水肥高效利用，大幅度提高旱地小麦产量、效率、效益。巧妙利用农村难以处理的秸秆资源，减少焚烧带来的环境污染，并有效培肥土壤。该技术模式集作物丰产、资源高效、土壤培肥、环境友好、节本增收为一体，创新性强，先进实用，为四川乃至西南丘陵旱地小麦生产可持续发展开辟了一条绿色高产高

效之路。

2. 探明了丘陵旱地秸秆覆盖蓄水保墒水肥高效利用的生理生态机制，为模式的进一步推广应用奠定了扎实的理论基础。

首先，秸秆覆盖通过抑制蒸发增加土壤含水量，其蓄水保墒效应可满足小麦孕穗前的水分需求；其次，秸秆还田增加了土壤的有机质含量，同时，通过覆盖抑蒸蓄水保墒，改变了土壤的理化性状，微生物群落结构优化，丰富了小麦根际细菌群落的多样性和组成，固氮微生物的多样性和丰度更高，提高土壤有机氮矿化速率和速效氮含量，土壤有机质、全氮、速效磷、速效钾含量显著增加；第三，秸秆覆盖的综合效应导致根系构型改变，小麦根系纵向和横向均发展，根量增多，根表面积密度和根体积密度增加，尤其是根系横向分布增多、导致 $0 \sim 10 \text{ cm}$ 土层根系变粗、增多的特点，根系活力增强，有效促进了根系对耕层土壤水分和养分的吸收利用。

四、应用效果

该技术模式在四川西充、仁寿广泛开展示范。其中，西充示范田加权平均亩产 392.9 kg，比农户田亩增产 60.4%。仁寿示范田加权平均亩产为 461.55 kg，比农户亩增产 61.9%。多年平均较农民种植方式提高水分利用效率 56.2%，节肥 $20.2\% \sim 24.3\%$，节药 $20.1\% \sim 22.8\%$。

项目执行期间，累计在西充示范 $2\,100$ 亩，在仁寿示范 $1\,130$ 亩；除西充县和仁寿县建立的核心区和示范区外，技术模式辐射到四川三台、盐亭、南部、仪陇、蓬安、嘉陵区、蓬溪、射洪等区县。10 个县累计带动种粮大户 400 户，示范、辐射推广 20 万亩，节约肥料、农药、人工 40 元/亩，小麦增产 25 kg/亩，累计节本 800 万元，增粮增收 $1\,000$ 万元，累计节本增收 0.18 亿元。该技术模式巧妙利用农村难以处理的秸秆资源，减少焚烧带来的环境污染，并有效培肥土壤。实现了"作物丰产、资源高效、土壤培肥、环境友好、节本增收"的多重效果。

项目执行期间，技术模式累计在四川西充、仁寿等地示范应用 $3\,230$ 亩；累计在这些地区组织现场培训会 10 次，共培训农技员、新型农民、经营主体等 $1\,500$ 人次。

五、当地农户种植模式要点

（1）整地：小麦播种前清理地表，秸秆搬离田块。

（2）播种：免耕机播，微耕机作动力，覆土差，露籽多；或者坎沟点播，露籽；用种量 $15 \sim 20 \text{ kg}$/亩。

（3）肥料管理：以复合肥一次基施为主，重氮轻磷钾，一般亩施三元复合肥（N—

P－K 为 25－6－9）50 kg，折合纯氮 12.5 kg，撒于地表。

（4）病虫害防控：播种前施用一次灭生性除草剂，12 月上旬施药除草，年前预防条锈病一次，开春后气温回升，预防条锈病、蚜虫 1~2 次，开花期预防赤霉病、白粉病、条锈病和蚜虫 1 次。

（5）收获：联合机收。

（6）产量：亩产 250 kg 左右。

六、节水节肥节药效果分析

多年定位试验结果表明，秸秆覆盖后小麦增产 15.90% ~ 114.4%，小麦对肥料氮的吸收量和利用率分别提高 63.0% 和 45.9%，肥料氮残留和氮损失降低了 48.8% 和 8.9%，水分利用效率提高 56.2%，氮素表观利用率是不覆盖的 3 倍。

将旱地小麦秸秆覆盖蓄水保墒水肥高效利用绿色生产技术模式在四川西充、仁寿广泛开展示范。专家组现场考察了位于西充县义兴镇黄岭垭村核心示范片（346.5 亩）和示范区（2 100 亩），核心示范片和示范区建设规范，各项技术措施落实到位，小麦长势长相良好。示范区验收田块按产量水平分类选择，全田机械实收，测定面积和籽粒下场鲜重、籽粒含水率，按照标准含水率 13% 折算产量，按不同产量田块比例，加权平均亩产为 392.9 kg（表 7）。同时在非示范区对农户自行种植的田块采用同样的方式进行测产验收，结果表明：示范区比农户亩增产 60.4%。示范区选用了川麦 104、川育 25、川麦 61 等优质高产抗逆品种，推广应用了"冬小麦—夏玉米"轮作模式、秋闲

表 7 西充示范区产量验收表

验收方法	田块类型	比例/%	实收面积/亩	下场鲜重/kg	含水率/%	折标产量/(kg·亩$^{-1}$)	品种和技术
全田机械实收	一类	30	1.35	772.7	31.87	440.6	川育 25，秋闲季秸秆覆盖、免耕带旋机播、减氮增磷
	二类	40	1.13	503.8	19.47	408.4	川麦 104，秋闲季秸秆覆盖、免耕带旋机播、减氮增磷
	三类	30	4.84	1 760.0	21.03	324.5	川麦 61，秋闲季秸秆覆盖、免耕带旋机播、减氮增磷
	加权平均					392.9	
	非示范田	50	1.31	382.4	18.91	267.5	川麦 104，不覆盖，旋耕撒播，重氮轻磷，底肥一道清
	非示范田	50	1.25	326.6	24.63	222.5	川育 25，不覆盖，旋耕撒播，重氮轻磷，底肥一道清
	平均					245.0	

季秸秆覆盖抑蒸蓄水增墒保墒、免耕带旋机播、减氮增磷、氮肥后移、一喷三防等丘陵区旱地小麦绿色优质高效调控技术，起到了很好的增产和水肥高效利用的作用。仁寿示范区采用该技术模式，加权平均亩产为461.55 kg，比农户亩增产61.9%（表8）。

多年平均较农民种植方式提高水分利用效率56.2%，节肥20.2%～24.3%，节药20.1%～22.8%。

表8 仁寿示范区产量验收表

验收方法	田块类型	比例/%	实收面积/亩	下场鲜重/kg	含水率/%	折标产量/(kg·亩⁻¹)	品种和技术
全田机械实收	一类	30	1.147	752.56	32.48	500.6	川麦104，秋闲季秸秆覆盖、免耕带旋机播、减氮增磷
	二类	40	1.019	617.65	30.56	475.5	川麦104，秋闲季秸秆覆盖、免耕带旋机播、减氮增磷
	三类	30	2.57	1 413.8	35.02	403.9	川育25，秋闲季秸秆覆盖、免耕带旋机播、减氮增磷
	加权平均					461.55	
	非示范田	50	1.083	391.25	31.68	278.9	川麦104，不覆盖，免耕机播，重氮轻磷，底肥一道清
	非示范田	50	0.955	379.05	35.06	191.3	川育25，不覆盖，免耕机播，重氮轻磷，底肥一道清
	平均					285.1	

四川盆地秋冬作马铃薯
田间节水节肥节药生产技术模式

一、背景与原理

（一）背景

四川盆地位于长江上游，囊括了四川省中东部。四川盆地地形闭塞，气温高于同纬度其他地区，属于亚热带季风气候。盆地内部丘陵、平原交错，地势北高南低，海拔 200～750 m。盆地年降水量充沛，但是冬干、春旱、夏涝、秋绵雨，年内分配不均。

盆地丘陵区土多田少，自然生态条件较好，热量充足，无霜期长，年均气温 16～18℃，大于或等于 10℃ 积温 5 000～5 500℃，无霜期 290～330 天，年降雨量 900～1 300 mm，年日照 1 200～1 400 小时，土壤以紫色土为主，气候十分利于马铃薯生长。该区马铃薯具有多季播种、上市时间长的特点，旱地和稻茬田均可种植，主要作为四川省菜用马铃薯种植区域，其中冬季 11—12 月至次年 4—5 月，气候条件适宜冬马铃薯种植。项目组经过多年研究，选择丘陵区旱地开展冬马铃薯种植，根据气候条件和马铃薯生长需求，确定冬马铃薯播种期为 11—12 月，收获期为 4—5 月。

四川盆地丘陵区春旱、夏旱发生频率分别为 89%、92%。干旱影响了作物的生理机能，降低了肥料利用率，直接或间接地影响了作物的产量和品质。马铃薯生长季节晚疫病发生较重，肥、水、药的投入较高，在生产中肥料和农药的不规范使用，破坏了耕地资源，导致耕地质量严重退化，严重影响了耕地综合生产能力的提高和可持续发展。如何充分发挥雨水的时空差异、提高水分和肥料的利用效率、合理进行晚疫病的综合防治，达到节水、节肥和节药的目的是需要解决的问题，针对四川盆地丘陵旱地马铃薯生产上面临的地块规模小、季节性干旱、病虫草害发生时间和强度不确定、冬马铃薯产量低、品质波动大、水肥药利用效率不高等问题，重点开展高水分、高肥料利用、耐密中早熟的马铃薯品种鉴选，轻简高效施肥、长效种薯处理与病虫害防治前移技术集成，构建起四川盆地丘陵冬马铃薯田间节水、节肥、节药新型技术模式，有效解决了生产中肥料和农药不规范使用、土地质量下降的问题和制约四川丘区土地可持续生产的技术瓶颈，实现马铃薯季水、肥、药的有机结合，达到提高土地资源利用效率、农业减灾避灾能力和耕地综合生产能力的效果，并在生产上示范推广，提高经济、社会和生态效益。

（二）原理

1. 选用肥水高效利用马铃薯品种，为节水节肥节药奠定基础

针对四川盆地马铃薯品种多、乱、杂，肥水利用效率较低，抗病性弱等问题，以品种特性、生育期、肥料用效率、主要病虫抗性、产量等为主要评价指标，开展四川盆地丘陵区旱地冬作马铃薯品种鉴选与评价研究，优选出适宜四川盆地丘陵区旱地种植的肥水高效利用马铃薯品种。

2. 以提高水肥利用效率为核心，实现节水节肥

针对马铃薯生产中存在的种植密度偏低、群体不足、田间配置不合理等问题，合理增加种植密度，优化田间配置，构建高光效群体。针对季节性干旱、化肥使用量大、肥料利用率不高等问题，引入具有保水、节水、抗旱、改良土壤功效的保水剂，在保水剂、新型缓释肥、有机肥筛选基础上，采取人工补水和保水剂蓄水的方式保证马铃薯植株生长需水，以有机肥替代补足化肥的施入，研究集成增施保水剂、有机肥替代化肥、化肥减量平衡施用技术，提高水肥利用效率，实现了肥料减施。

3. 以预警系统和药剂结合防治晚疫病为重点，实现农药减施

针对冬马铃薯季传统病虫草害防治中存在的药剂选择不合理、农药利用效率低、防治效果差等问题，按"预防为主、综合防治"的原则，引入马铃薯晚疫病预警系统，在农药种类筛选和农药使用量研究基础上，集成预警系统提示、减量施药等关键技术，提高农药利用率、减少用工投入，实现农药减施。

二、主要内容与技术要点

（一）主要内容

选用水肥高效利用的抗病优良品种，薄膜覆盖、提高密度，增施蚯蚓粪有机肥、减施化肥，增施施可润保水剂抗旱栽培，运用预警系统和药剂结合防治晚疫病，采用化学药剂调控群体生长，利用机械化收获提高效率。

（二）技术要点

1. 选用水肥高效利用的抗病优良品种

选用水肥利用效率高的优质冬马铃薯品种，菜用型马铃薯品种选用费乌瑞它和川芋10号，种薯为打破休眠的脱毒种薯，剔除病、虫、烂、杂薯，播前20～30天将种薯置于阴凉干爽、通风有散射光的室内摊开催芽。如到播前仍未通过休眠的，可用

20 mg/L GA3 + 1% 硫脲浸种 10～20 分种，然后捞起晾干，小堆存放催芽。推荐用 30～50 g 小整薯作种，大种薯可切块播种，60～80 g 的种薯可以从顶部纵切成 2 块，90 g 以上的种薯先从基部开始按芽眼排列顺序螺旋形向顶部斜切，保证每个切块重 30 g 以上、有 2 个以上芽眼。切刀要严格消毒。切块后的薯种用草木灰均匀拌种，使切口黏附均匀，并进行摊晾，使伤口愈合，勿堆积过厚，以防止烂种。

2. 薄膜覆盖，提高密度

气候条件是播种期确定的决定因素，冬马铃薯宜在 12 月中下旬播种，净作每亩 6 000 株（窝），大垄双行错窝播种，大垄垄距 0.8～1.0 m，整好地后，按设计行距开 10 cm 左右深的播种沟，在沟心按规定窝（株）距摆种，两窄行间错窝摆放，芽眼向上。播种施肥后盖适量土，白膜覆盖，促进提前出苗，2 月底揭膜培土，合理避过终霜。

3. 增施蚯蚓粪有机肥，减施化肥

科学平衡施肥，化肥施用上亩用 80 kg 复合肥 N∶P$_2$O$_5$∶K$_2$O = 15∶15∶15（较常规用量减少 20%），以亩施 300～500 kg 蚯蚓粪进行化肥补足，一次性作底肥。种薯摆好后在窄行两行种薯（窝）中间定量施用化肥，注意避免化肥接触种薯，有机肥类可作为盖种用，均匀盖于种薯上。结薯期和薯块膨大期叶面喷施 0.3% 磷酸二氢钾溶液，促进中后期营养物质向薯块转运。

4. 增施保水剂抗旱栽培

农林保水剂，具有高吸水性，可在马铃薯根部建立微型"水库"，减少肥水流失，提高肥料利用率和水分利用效率，促进根系生长。保水剂亩用量 2.5 kg，与基肥（复合肥）搅拌混匀后施入。

5. 运用预警系统和药剂结合防治晚疫病

按"预防为主、综合防治"的方针，适时防治，早防早治，优先采用农业综合防治，辅助化学防治。切种时进行频繁消毒预防病虫害，重点防治晚疫病。马铃薯晚疫病以预防为主，出苗后以晚疫病预警系统和药剂相结合防治晚疫病，预警系统提醒后使用杀菌剂用药 2～3 次，以代森锰锌 100 g/亩或增威赢绿 40 g/亩交替使用，在提高药剂利用率的同时减少了盲目用药量。

6. 采用化学药剂调控群体生长：及时除草

根据田间长势，可在封行后或花蕾期合理使用生长调节剂。如遇植株徒长，可在开花期叶面喷施 20 mg/L 烯效唑溶液，防止植株徒长，促进结薯。

7. 利用机械化收获提高效率

根据马铃薯田间生长情况和市场需求进行收获，收获要在晴天、凉爽、无露水条件下进行。农机条件好的地区推荐采用机械化收获。收获后及时销售或储藏，防止高温烂薯。大面积收获后薯块要摊晾 1 天，并防止雨淋和长时间阳光曝晒。

三、特点与创新点

（一）模式特点

新技术模式针对四川盆地旱地冬马铃薯发展现状，以优质菜用马铃薯品种为基础，以提高水肥利用效率为核心，以病虫害综合防治为重点，较传统模式主要特点体现在以下几个方面：

1. 改传统品种为水肥高效利用品种

四川盆地丘陵区旱地传统冬马铃薯品种多而杂，肥水利用效率偏低，易发生病虫害，同时产量和品质不稳定。新技术模式针对不同马铃薯品种特性，开展了冬作马铃薯品种鉴选与评价研究，优选出适宜四川盆地丘陵区旱地种植的肥水高效利用马铃薯品种，有利于实现冬马铃薯稳产增效。

2. 改传统施肥为有机无机配施，平衡施肥

针对旱地冬马铃薯传统施肥中化肥施用量大、肥料利用效率不高、重用轻养等问题，改传统施肥为有机无机配施，平衡施肥。引入具有保水、节水、抗旱、改良土壤功效的保水剂，人工补水和保水剂结合施用，实现抗旱栽培，促进水肥耦合。增施蚯蚓粪有机肥，减量平衡施用复合肥，以有机肥替代补足化肥的施入，保障全生育期营养均衡供给，提高水肥利用效率，实现肥料减施。

3. 改化学防治为预警系统和药剂结合防治

在马铃薯生产中重点需要防治的是晚疫病。传统技术模式中采用化学防治，防治次数多、用药量大、防治效果不稳定，新技术模式采用晚疫病预警系统和药剂结合，晚疫病预警系统依据病虫发生规律和气候条件发出预警提醒，在筛选适宜药剂种类和用量的基础上，按提醒时间及时防控晚疫病，可减少用药次数和施用量，提高农药利用效率和防治效果，实现节药目标。

（二）创新点

（1）针对传统冬马铃薯生产中品种多、乱、杂、肥水利用效率较低、抗病性弱等问题，根据丘陵区旱地生产生态特点，开展冬作马铃薯品种鉴选与评价研究，改传统品种为水肥高效利用品种，发挥品种自身的水肥药利用潜力，为节水节肥节药奠定基础。

（2）针对传统马铃薯生产中群体不足、田间配置不合理，传统施肥中化肥施用量大、肥料利用效率不高、重用轻养等问题，改密度偏低为合理密植，构建高光效群体；

改传统施肥中单施化肥为有机无机配施，平衡施肥，集成增施保水剂、有机肥替代化肥、化肥减量平衡施用技术，保障全生育期营养均衡供给，提高水肥利用效率，实现了肥料减施，土地用养结合。

（3）针对传统农药施用量大、药剂选择不合理、农药利用效率低、防治效果差、农药利用率低等问题，改化学防治为预警系统和药剂结合防治。引入马铃薯晚疫病预警系统，集成预警系统提示、减量施药、合理用药等关键技术，提高农药利用率、减少用工投入，实现农药减施。

四、应用与效果

（一）应用

该技术模式在四川省南充市西充县、顺庆区、嘉陵区、阆中市，四川省成都市金堂县等地推广示范，2015—2019年累计示范3 285亩。示范区集中示范展示以"选用水肥高效利用的抗病优良品种，薄膜覆盖、提高密度，增施蚯蚓粪有机肥、减施化肥，增施施可润保水剂抗旱栽培，预警系统和药剂结合防治晚疫病，化学药剂调控群体生长，机械化收获提高效率"为核心的四川盆地冬作马铃薯节水节肥节药生产技术模式。目前已在四川省南充市、成都市、绵阳市等地推广应用。

（二）效果

经典型田块调查与现场验收，冬马铃薯节水节肥节药综合技术模式3年平均产量为2 162.89 kg/亩，比常规种植增产377.55 kg/亩，增幅达21.15%；每亩减少化肥用量20 kg，节约20%；每亩农药用量减少1次以上，单次农药用量降低20%以上，生育期农药用量减少56.6 g/亩（折百量），节约47.07%；降雨利用效率提高20%以上；与传统模式比较，亩纯收益提高224.9元/亩。

五、当地农户种植模式要点

（一）选种

随机选用马铃薯品种和种薯，可能存在部分种薯不合格，常以商品薯作种薯用，熟期不适宜、产品商品性不好等。

（二）整地

小型旋耕机旋地，人工开厢，播种施肥后覆土作垄，种植大户采用双行错窝，大垄垄距0.8~1.0 m，部分小农户采用单行种植，垄距0.7~0.9 m。

（三）播种

人工播种，播种密度4 500株（窝）/亩，播种后起垄15~20 cm，白色地膜覆盖。

（四）施肥

马铃薯种植农户施用底肥以化肥为主，主要用三元素复合肥（总养分45%）、尿素、过磷酸钙，平均亩用复合肥90 kg/亩，过磷酸钙15 kg/亩，部分小户采用清粪水。

（五）灌水

有条件的地块采用浇灌，全生育期灌水2~3次，条件不足的地块以降雨为主。

（六）病虫害防治

以防治晚疫病为主，主要采用化学防治，药剂选用代森锰锌75 g或银法利100 g，全生育期防治4~5次。

（七）田间管理

及时除草，有条件的地块中耕培土1次。全生育期平均追施尿素6 kg/亩。

（八）收获

人工收获。

（九）产量

经调查，丘陵区旱地农户种植马铃薯平均产量为1 550 kg。

（十）模式特点

群体数量不足；盲目施肥，对肥料的种类和施用量把握不准；对晚疫病认识不深入，药剂施用不配套，用药量大但防治效果不明显；部分种薯不合格，常以商品薯作种薯用，熟期不适宜、产品商品性不好等。

六、节水节肥节药效果分析

（一）节水效果分析

四川盆地冬作马铃薯节水节肥节药生产技术模式通过选用水肥高效利用的抗病优良品种，薄膜覆盖、提高密度，增施蚯蚓粪有机肥、减施化肥，增施施可润保水剂抗旱栽培，预警系统和药剂结合防治晚疫病，等技术措施，提高了冬马铃薯的生产效率，从而提高了降雨利用效率。经过多年多点调查，示范区马铃薯生育期年均降雨量为337.38 mm，平均降雨量利用率为9.87 kg/（mm·hm^2），传统模式平均降雨量利用率为8.21 kg/（mm·hm^2），新模式较传统模式平均降雨量利用率提高了20.21%（表1）。

表1 不同技术模式降雨利用率统计表

年度/年	生育期降雨量/mm	降雨量利用率/（kg·mm⁻¹·hm⁻²）		
		新模式	传统模式/对照	较对照/±%
2017	270.40	11.72	10.33	13.49
2018	387.40	6.74	5.18	30.01
2019	354.35	11.15	9.12	22.26
加权平均	337.38	9.87	8.21	20.21

（二）节肥效果分析

针对旱地冬马铃薯传统施肥中化肥施用量大、肥料利用效率不高、重用轻养等问题，在保水剂、新型缓释肥、有机肥筛选基础上，研究薄膜覆盖、提高密度，增施蚯蚓粪有机肥、减施化肥，增施保水剂抗旱栽培等节肥关键技术，显著提高了肥料利用效率，实现了化肥减施。

在冬马铃薯有机肥替代复合肥施用技术试验中（表2），有机肥和复合肥配合施用提高了不同品种的马铃薯的鲜薯产量。在相同复合肥施用量水平下，采用有机肥替代后可提高鲜薯产量，进而提高了肥料利用效率。此外，肥料偏生产力随复合肥施用量的增加而降低，但采用有机肥替代后可在一定程度上提高其肥料偏生产力。本次试验中费乌瑞它和川芋10号两个品种在减量20%+300 kg有机肥条件下，鲜薯产量均为最高，具有减施化肥20%的节肥潜力。

表2 有机肥替代复合肥施用技术产量与肥料偏生产率统计表

	复合肥施用量/（kg·亩⁻¹）	有机肥施用量/（kg·亩⁻¹）	肥料有效养分含量/（kg·亩⁻¹）	产量/（kg·亩⁻¹）	肥料偏生产力/（kg·kg⁻¹）
费乌瑞它	100	0	45	1 696.75	37.71
	80	0	36	1 674.53	46.51
	60	0	27	1 638.42	60.68
	80	300	36	1 938.43	53.85
	60	300	27	1 918.98	71.07
川芋10号	100	0	45	2 441.23	54.25
	80	0	36	2 324.56	64.57
	60	0	27	2 363.45	87.54
	80	300	36	2 724.58	75.68
	60	300	27	2 496.79	92.47
平均	100	0	45	2 068.99	45.98
	80	0	36	1 999.54	55.54
	60	0	27	2 000.93	74.11
	80	300	36	2 331.51	64.76
	60	300	27	2 207.89	81.77

示范区多年调查表明（表3）：示范区的马铃薯施肥量为 80 kg/亩，传统模式施肥量为 100 kg/亩，新模式较传统模式节约肥料 20 kg/亩，节约 20%。示范区马铃薯肥料有效养分总量为 36 kg/亩，传统模式肥料有效养分总量为 45 kg/亩，新模式较传统模式有效养分总量减少 9 kg/亩。新模式平均肥料偏生产力为 60.08 kg/kg，传统模式平均肥料偏生产力为 44.63 kg/kg，新模式较传统模式平均肥料偏生产力提高 15.45 kg/kg，提高了 34.61%。

表3　不同技术模式肥料偏生产力统计表

年度/年	肥料有效养分总量/（kg·亩⁻¹）		肥料偏生产力/（kg·kg⁻¹）		
	新模式	传统模式/对照	新模式	传统模式/对照	较对照/±%
2017	36	45	58.70	46.55	26.10
2018	36	45	48.36	33.48	44.46
2019	36	45	73.19	53.88	35.84
加权平均	36	45	60.08	44.63	34.61

（三）节药效果分析

针对冬马铃薯季传统病虫草害防治中存在的药剂选择不合理、农药利用效率低、防治效果差等问题，引入马铃薯晚疫病预警系统，在农药种类筛选和农药使用量研究基础上，集成预警系统提示、减量施药等关键技术，提高农药利用率、减少用工投入，实现农药减施。

马铃薯晚疫病综合防控技术试验设置大户防治、农民自防、监测预警防控、空白对照共 4 个处理（表4）。马铃薯出苗后通过田间自动气象站 MLS 1306 记录出苗后每小时的温度、相对湿度、降雨量和风速等气象因子，根据 Conce 的方法绘制侵染循环曲线，末次药后 7 天调查马铃薯晚疫病发生情况。

试验结果表明，冬马铃薯晚疫病首先在空白处理内发生，处于第 3 代侵染循环末期（图1），马铃薯晚疫病防治效果如表5，末次用药后 7 天大户防治和监测预警防治效果较高，分别为 96.57% 和 98.16%，农民自防的防治效果相对较低，为 88.25%，但大户防治、农民自防和监测预警的防治效果不存在显著性。在产量方面，监测预警产量最高，为 1 652.86 kg/亩，较空白对照增产 33.73%。可见监测预警防治技术在保证防治效果的基础上减少了农药总施用量。

表4 冬马铃薯晚疫病处理方式

编号	处理名称	施药时期及内容
T1	大户防治	齐苗后喷施"代森锰锌150 g/亩"1次、封行前喷施"金雷120 g/亩"1次、发病后喷施"福帅得30 mL/亩"3次,间隔7天
T2	农民自防	发病后喷施"福帅得30 mL/亩"3次,间隔7天
T3	监测预警防控	第2代侵染5分值开始喷施"代森锰锌150 g/亩"、第3代侵染5分值开始"福帅得30 mL/亩"、第4代侵染5分值开始"福帅得30 mL/亩"
T4	不施药	

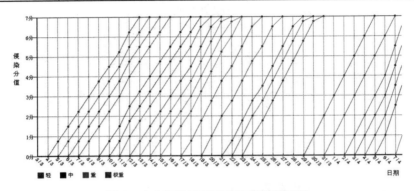

图1 南充冬马铃薯晚疫病侵染循环图

表5 冬马铃薯晚疫病防治效果

编号	处理方式	平均病指	防治效果/%	产量/（kg·亩⁻¹）	增产/%
T1	大户防治	0.62	96.57	1 422.29	15.08
T2	农民自防	2.13	88.25	1 322.29	6.98
T3	监测预警防控	0.33	98.16	1 652.86	33.73
T4	空白对照	18.15		1 235.96	

经多年多点调查表明,本技术模式冬马铃薯平均用药量为106.73 g/亩(折百量),传统栽培技术模式平均施药量为163.33 g/亩,新模式较传统模式平均施药量节约了56.60 g/亩,节药百分比为47.07%,见表6。

表6 新模式节药情况统计表

年度/年	节药量/g	节药百分比/%
2017	36.75	22.97
2018	53.06	34.30
2019	80.00	83.94
平均	56.60	47.07

（四）增产增收效果分析

经多年多点调查表明（表7）:示范区马铃薯平均亩产2 162.89 kg,较传统技术模式亩均增产377.55 kg,增幅21.15%。新技术模式亩均纯收益1 262.31 元,较传统技术模式新增纯收益 224. 92 元，增幅 21. 68%，取得了显著的社会、经济、生态效益。

表 7　示范区产量及增收效果统计

年度/年	新模式产量/ （kg·亩⁻¹）	传统模式（对照）产量/ （kg·亩⁻¹）	增产/ （kg·亩⁻¹）	增产率 /%	纯增收/ （元·亩⁻¹）
2017	2 113. 17	1 862. 00	251. 17	13. 49	7. 52
2018	1 740. 83	1 339. 00	401. 83	30. 01	281. 97
2019	2 634. 66	2 155. 02	479. 64	22. 26	385. 28
平均	2 162. 89	1 785. 34	377. 55	21. 15	224. 92

贵州春玉米
田间节水节肥节药生产技术模式

一、背景与原理

(一) 背景

玉米是全球种植范围最广、产量最大的谷类作物，居三大粮食之首。我国是玉米生产和消费大国，播种面积、总产量、消费量仅次于美国，居世界第二位。从未来发展看，玉米将是我国需求增长最快、也将是增产潜力最大的粮食品种。如何挖掘生产潜力、加快玉米发展、保持玉米能够基本自给，是确保国家粮食安全的一件大事（韩长赋，2012）。

贵州玉米生产区属于全国三大玉米优势主产区之一的西南玉米区。玉米是贵州省的主要粮食作物，种植面积和产量仅次于水稻，增产潜力巨大。贵州省种植的玉米大部分属于春玉米，主要分布在：毕节、六盘水、黔西南州、安顺、遵义、黔南州等地区。其中，重点种植区域是毕节市的威宁县、七星关区、黔西县、织金县、纳雍县、大方县；遵义市的播州区、正安县、务川县、桐梓县；黔南州的瓮安县、罗甸县、长顺县、福泉市；六盘水市的盘县、水城县；黔西南州的兴义市、兴仁县、望谟县、册亨县；安顺市的紫云县、关岭县、普定县、镇宁县和普定县。

贵州春玉米种植区坡旱地比重大，土壤贫瘠，耕作粗放，灌溉设施差，是典型的雨养农业区，季节性干旱突出，玉米单产低而不稳，干旱成为全省粮食生产稳步增长的巨大障碍。近年来旱灾越来越严重。2001 年至 2013 年的 13 年中，贵州发生了 2001 年夏旱、2004 年西部春旱、2005 年夏旱、2006 年西部春旱和黔北特大夏旱、2009 年 7 月至 2010 年 5 月夏秋连旱叠加冬春连旱的罕见特大干旱、2011 年的特大夏秋连旱和 2013 年夏旱。贵州春玉米在苗期时易出现春旱问题，加上耕地土层浅薄、瘦瘠、保水保肥能力差，播种至出苗阶段，表层土壤水分亏缺，种子处于干土层，不能发芽和出苗，出苗地块由于干旱苗势弱、植株小、发育迟缓、群体生长不整齐。春玉米吐丝期和灌浆期易遭遇伏旱，导致植株生长旺盛、受旱植株叶片卷曲、影响光合作用与干物质生产，并进一步由下而上地发生干枯，植株矮化；抽雄前受旱，上部叶节间密集，抽雄困难，影响授粉；吐丝期推后，易造成雌、雄花期不遇；幼穗发育不好，灌浆不充分至果穗小，最终影响玉米产量。

此外，贵州春玉米生产中还存在水、肥、药利用效率不高、抗逆高产主导品种和机械化种植技术缺乏的问题。如何趋利避害，充分利用有限的水资源，最大限度地减轻干旱对贵州省玉米生产的影响，优化栽培技术措施，提高水、肥、药的利用效率，对促进玉米产业持续稳定发展、促进农民增收、提高粮食综合生产能力有重要而深远的意义。

（二）原理

农田根域微集水种植是集雨农业的一种技术模式，该技术不但能够收集降雨所产生的地表径流，还可以降低无效蒸发，增加种植区土壤含水量，同时可以显著地降低风蚀，有效地减少表面径流和土壤侵蚀，显著提高肥料利用率（任小龙等，2010）。

在半干旱偏旱区的很多研究表明，根域微集水种植技术可以有效提高作物产量。王俊鹏等（1999，2000）在宁南通过两年的定位试验研究表明，在 60 cm:60 cm 和 75 cm:75 cm 两种沟垄比带型中种植的冬小麦、春玉米、谷子、豌豆和糜子均表现出了较明显的增产效应，并通过分析表明，根域微集水种植能够充分利用土壤水分和当季降水，提高土地生产能力（李军等，1997）。王彩绒等（2004）采用垄上覆膜集雨保墒、沟内种植的栽培方法，在半湿润易旱的关中红油土上进行了冬小麦田间试验，探讨了覆膜集雨栽培对冬小麦产量及氮磷钾养分携出量的影响。结果表明，覆膜集雨的增产效果明显。覆膜条件下，高氮处理（225 kg/hm^2）的生物产量与籽粒产量比低氮处理（75 kg/hm^2）分别增加 15.9%、22.6%；高氮高密度（280 万株/hm^2）条件下，覆膜的生物产量与籽粒产量比不覆膜分别提高 39.5%、28.9%，其中，高氮低密度（230 万株/hm^2）（即高氮宽垄覆膜集雨）处理的籽粒产量和生物产量最高，产量可达 7 898 kg/hm^2，覆膜集雨种植可协调土壤水分和养分的关系，促进地上部的养分携出量，有利于植株的协调生长，最终获得高产。大田试验表明，田间根域微集水与覆盖相结合技术可有效利用膜垄的集水和沟覆盖的蓄水保墒功能，改变降雨的时空分布，显著地提高降水利用率，特别是小雨的利用率，可使玉米产量比传统平作提高 44% ~ 143%（李小雁等，2005）。李志军等（2006）针对陇东旱作农业区年降水量少、季节分布不均，特别是玉米生产中干旱和苗期低温等问题，从改善旱地玉米生长环境和栽培条件、提高降水利用率入手，将小垄沟集水和覆膜增温保墒技术有机地结合在一起，进行了旱地玉米垄沟周年覆膜栽培新模式试验研究。结果使旱地玉米水热条件明显改善，增产效果显著，是陇东旱地玉米自然降水高效利用，实现高产稳产的最佳栽培方式。云南宣威等地在玉米种植中推广的"灯盏塘"湿直播和"W"形育苗移栽地膜抗旱集雨栽培技术，达到了"蓄住天落雨、保住地下墒、方便人工浇"的效果，经专家实地测产，玉米平均亩产 678.45 kg，套种豆类平均亩产 116.3 kg，复合亩产 794.75 kg，比示范区的平均亩产分别增 40.15 kg、12.6 kg、52.75 kg。（段洪文，2014）。

贵州高海拔地区平均气温较低、季节性干旱严重，玉米需覆膜种植，当地农户传统种植主要是玉米窄膜覆盖种植。深入开展春玉米农田根域微集水种植技术的研究对于提高该地区及类似生态区玉米产量和农田降水利用率、完善集水种植技术、充分利用自然降水有非常重要的意义。

二、主要内容与技术要点

（一）适宜地区

贵州高海拔春玉米种植区、易出现季节性干旱的春玉米种植区及西南类似生态区。

（二）技术要点

1. 品种选择

选用抗旱、耐瘠、抗病的玉米优良品种。当前适宜威宁示范区的节水抗（耐）旱、节肥增效、抗病耐虫的玉米品种如华兴单 7 号、华兴单 88、盘玉 5 号、隆瑞 3869、贵卓玉 9 号、金玉 838、新中玉 801 等。

2. 选地、整地

选择地势平坦、耕层深厚、肥力中等、保水保肥性能好、排灌良好的地块。为做好备耕准备，在前茬收获后就要及时深耕晒垡，并将种植地块残膜和杂草清除，在春后进行翻地碎土，土壤细碎无较大土块为宜。

3. 挖穴

玉米采用宽窄行种植，宽行距 0.8 m，窄行距 0.4 m。在平整后的土壤耕层上挖玉米集雨播种穴，穴距为 0.5 m，每个集雨播种穴的直径为 0.15~0.20 m，深度为 0.15 m 左右。

4. 施肥

使用复合肥或农家肥作为基肥，复合肥用量为 $600 \, kg/hm^2$，农家肥用量为 $15\,000 \, kg/hm^2$ 左右，将复合肥和农家肥均匀施入播种穴。也可一次性施用缓控释肥 $1\,200 \, kg/hm^2$。

5. 播种

在每个播种穴内播 3~4 粒玉米种子，基肥与种子之间应间隔 3 cm 以上，以免烧种。

6. 覆膜

选择宽 2.0 m 的白色地膜覆盖（厚度：0.008 mm），盖膜前应使集雨播种穴（图

1）周围土面平整，在平整的土面上覆盖上 2 m 宽地膜，一膜盖 4 行。

盖膜要做到平、紧、实，用土壤压实地膜四周，在宽行上适当盖土使膜压实，以利于保温保湿和防止杂草生长（图 3）。

7. 盖穴（种）

用细土壤盖播种穴同时用锄头在播种穴处打孔（出苗孔），以利于集雨出苗。由于播种穴高度低于其他地方，盖种后利于集雨。在早春温度回升慢且春旱严重的地区，也可先挖穴覆膜，等雨后再用播种器及时播种。

8. 田间管理

1）定苗

在玉米出苗时应及时到田间检查，避免大土块压苗和出苗孔错位而影响出苗。植株 4~5 叶时及时定苗，去弱留强，每穴留苗 2 株，保证种植密度在 6.75 万株/hm^2。

2）追肥

定苗后施用提苗肥，追施尿素 150 kg/hm^2，促进植株生长整齐；在大喇叭口期用尿素追肥，用量 225 kg/hm^2。追肥宜用施肥器施在播种穴离玉米植株至少 5 cm 远处。追肥一般结合降雨进行，以利于实现水肥耦合提高肥效。

3）主要病虫害防治

玉米病虫害防治要与预测预报结合，尽量防治早、防治小。喷药机械宜选择病虫害防治高架喷杆喷雾机械或农用无人机进行机械喷施。

（1）农业防治。选用高抗茎腐病、灰斑病、丝黑穗病、穗腐病等病害，且抗倒伏性强的品种，轮作种植。

（2）物理防治。出苗后诱杀地下害虫。在田间距地面 30 cm 处，架设一盏 40 W 黑光灯，灯下挖直径约 1 m 的坑，铺膜做成临时性水盆，加满水后加微量煤油封闭水面，傍晚时开灯诱杀蝼蛄和金龟子的成虫；或用频振式杀虫灯进行诱杀，可有效诱杀蝼蛄、蛴螬、地老虎等成虫。5 月下旬开始使用高压汞灯来诱杀玉米螟越冬成虫。

（3）生物防治。根据田间病虫害发生情况，根据需要，7 月初每亩释放赤眼蜂 1.3 万头，每亩设置一个释放点。分两次释放，第一次释放数量 0.6 万头，第二次释放数量 0.7 万头，两次释放中间间隔 6 天时间。

（4）化学防治。根据当地玉米病虫害发生规律，除在种子包衣防治地下病虫害基础上，在苗期、穗期、花粒期合理选用农药品种及用量，采取综合防治措施进行防治作业。特别要注意草地贪叶蛾、玉米螟、粘虫、灰斑病、锈病等病虫害防治。

4）其他

玉米生育期间基本上不用中耕除草，以节约农动力。在灌浆期，要及时清理田间沟渠，做好防涝工作。

　　附玉米宽膜覆盖根域集雨种植技术示意图（图1）、玉米宽膜覆盖根域集雨种植技术玉米植株生长示意图（图2）、玉米宽膜覆盖根域集雨种植技术田间种植（图3）、玉米宽膜覆盖根域集雨种植技术玉米苗期田间长势（图4）。

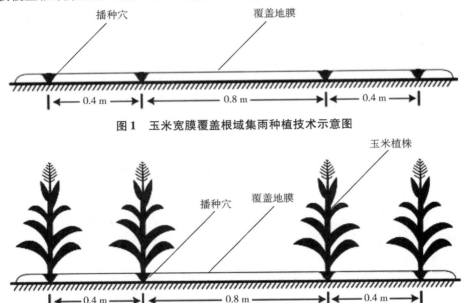

图1　玉米宽膜覆盖根域集雨种植技术示意图

图2　玉米宽膜覆盖根域集雨种植技术玉米植株生长示意图

图3　玉米宽膜覆盖根域
集雨种植技术田间种植

图4　玉米宽膜覆盖根域
集雨种植技术玉米苗期田间长势

三、特点与创新点

（一）特点

该技术模式，立足威宁地区海拔高平均气温较低、春旱严重的生态特点和生产实际，针对性强，节水节肥节药、增产增收增效显著，具有轻简化、绿色化、节约化、可操作性强等突出特点，创新性强，先进实用，对类似生态地区春玉米生产有较强的指导意义。

该模式关键技术为：选用抗旱耐瘠抗病玉米新品种，采用宽幅地膜覆盖、根域集雨种植、施用新型有机无机缓控释肥等。具有以下特点：

（1）该模式选用抗旱、耐瘠、抗病玉米新品种华兴单 88 等，为节水节肥节药奠定了基础。

（2）采用宽膜覆盖（幅宽 1.8 m，80 cm + 40 cm 宽窄行种植，一膜盖 4 行），充分发挥了地膜的增温、保墒、抑草效应，提高了降水利用率，减少除草剂施用量，此外，还节约了覆膜和中耕除草用工。

（3）施用有机、无机缓控释肥，实现肥料平衡施用，有利于提高肥效。

（4）此外，增温保墒后水肥耦合效应明显，提高了肥料利用率。经专家现场测产，该技术模式平均亩产 829.24 kg，比传统栽培增产 12.77%；节水节肥节药 22%；提高劳动生产率 35%。

（二）创新点

项目在开展贵州春玉米节水抗（耐）旱、节肥增效、抗病耐虫品种的鉴选、抗旱高效播种、轻简节肥高效等栽培技术研究的基础上，集成了贵州春玉米节水节肥节药的创新生产技术模式——玉米宽膜覆盖根域集雨栽培技术模式，实现了贵州高海拔山区春玉米覆膜方式的创新。采用宽膜覆盖根域集雨栽培，与传统覆膜种植相比，由于增加了覆盖度和形成了根域集雨区，充分发挥了地膜的增温、集雨、保墒效应，提高了降水利用率；宽膜覆盖后抑草效果显著，减少了除草剂施用量和中耕除草用工；一膜盖 4 行，节约了覆膜用工，同时也利于后期残膜捡拾。

四、应用与效果

（一）技术效果

于 2015—2019 年在贵州威宁地区系统开展了春玉米宽膜覆盖根域集雨种植技术效应研究。采用两种技术进行对比研究，一是宽膜覆盖根域集雨种植技术（A1），二是当地玉米传统覆膜种植方式（窄膜覆盖）（A2），系统研究不同覆膜种植方式对春玉米不同时期土壤含水量、土壤温度、土壤养分含量、对春玉米根系形态建成、干物质积累与转运、氮素积累与转运、产量及产量构成因素、氮肥利用的影响，以期探明春玉米宽膜覆盖根域集雨种植技术效果，为进一步推广该技术提供可靠技术依据和指导。研究结果如下：

1. 覆膜方式对春玉米不同时期土壤含水量的影响

1）对株间土壤水分含量的影响

由表 1 可知，A1 在玉米不同的生育时期的株间土壤含水量均高于相同土层条件下 A2 的土壤含水量。

在苗期时，A1 的玉米株间土壤含水量高于 A2，相同覆盖方式条件下，土壤含水量均随着土层的深度增加而增加。在 0～40 cm 的土层之间，A1 株间土壤含水量平均高于 A2 的 4.9%，在土层深度为 30 cm 时，两种覆盖方式的下株间土壤含水量差值最大，达 7.4%。在抽雄吐丝期和灌浆期，A1 的株间含水量虽然高于 A2 的株间含水量，但幅度变小，抽雄吐丝期为 8.9%，灌浆期为 4.7%。表明在本试验条件下，宽膜覆盖根域集雨种植对玉米株间含水量的保持优于传统覆盖。

表 1　不同覆膜方式玉米不同生育时期株间土壤含水量

土层（cm）	苗期/%		拔节期/%		抽雄吐丝期/%		成熟期/%	
	A1	A2	A1	A2	A1	A2	A1	A2
10	17.6c	15.3b	13.1c	13.0	23.9d	23.8c	17.4d	16.2c
20	21.9b	18.7ab	16.1c	15.1b	28.1c	26.3b	19.4c	16.4c
30	27.0a	19.6ab	18.2b	17.1b	30.0b	33.8a	20.4b	18.7b
40	26.4a	20.1a	21.7a	21.5a	38.4a	28.4b	22.6a	20.1a

2）对行间土壤水分含量的影响

由表 2 可知，A1 在玉米不同的生育时期行间土壤含水量均高于相同土层条件下 A2 的土壤含水量。

表 2　不同覆膜方式玉米不同生育时期行间土壤含水量

土层（cm）	苗期/%		拔节期/%		抽雄吐丝期/%		成熟期/%	
	A1	A2	A1	A2	A1	A2	A1	A2
10	16.0c	17.6a	14.0b	13.2b	28.2c	23.4c	19.4d	14.4d
20	20.3b	17.5a	16.2b	15.1b	28.8c	21.4c	20.5c	15.6c
30	22.4b	19.3a	18.0b	17.1.b	34.7b	27.1ab	22.1b	16.9b
40	27.1a	20.7a	22.8a	21.5a	43.5a	27.5 a	23.9a	20.1a

在苗期时，A1 的玉米行间平均土壤含水量高于 A2，相同覆盖方式条件下，土壤含水量均随着土层的深度增加而增加。在 0～40 cm 的土层之间，A1 行间土壤含水量平均高于 A2 的 2.9%。在拔节期时，在 0～40 cm 的土层之间，A1 行间土壤含水量平均高于 A2 的 1.4%，随着土层深度的增加，A1 的行间土壤含水量增加，在土层深度为 40 cm 时，含水量最大为 22.8%。在抽雄吐丝期，A1 的行间含水量高于 A2 的行间含水量，在 40 cm 的土层高出 16.0%，主要是因为此期降雨较多但温度也高，传统覆膜玉

米行间的保水能力较差所致。

宽膜覆盖玉米全生育期土壤含水量均高于窄膜覆盖，株间、行间分别平均高1.08%、1.35%。表明在本试验条件下，宽膜覆盖根域集雨种植的保水能力优于传统覆盖。

2. 覆膜方式对春玉米土壤温度的影响

宽膜覆盖提高了春玉米土壤温度。在春玉米苗期、拔节期、大喇叭口期、抽雄吐丝期和灌浆期，宽膜覆盖0~25 cm。平均土壤温度均高于窄膜覆盖，株间高出0.05~0.67℃，行间高出0.35~4.17℃。在苗期、拔节期、抽雄吐丝期和灌浆期0~25 cm株间、行间日变化平均土壤温度均在中午14点达到最大值，其次是晚上20点；在苗期株间、行间日变化平均土壤温度差值达到最大，分别为0.54~0.80℃、2.75~5.50℃（图5、图6）。

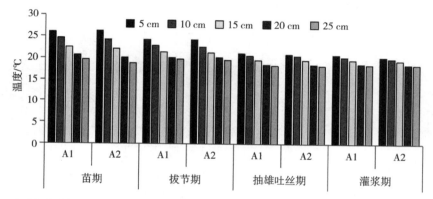

注：A1表示全膜覆膜，A2表示传统覆膜，5 cm、10 cm、15 cm等表示不同土层，图6同。

图5　不同覆膜方式玉米不同时期株间土壤温度

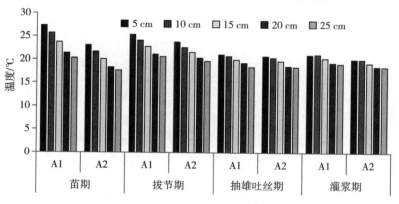

图6　不同覆膜方式玉米不同时期行间土壤温度

3. 覆膜方式对春玉米土壤养分含量的影响

在春玉米苗期、拔节期、大喇叭口期和抽雄吐丝期，宽膜覆盖0~20 cm土壤全氮含量较窄膜覆盖高出3.98%~19.28%；在苗期、拔节期和抽雄吐丝期宽膜覆盖20~

40 cm，土壤全氮含量均比窄膜覆盖高出 7.04%、16.43%、1.61%。苗期、拔节期、大喇叭口期、抽雄吐丝期和成熟期宽膜覆盖处理 0～20 cm 土壤碱解氮含量较窄膜覆盖处理高出 9.11%～21.69%。在拔节期、大喇叭口期和抽雄吐丝期 20～40 cm，土壤碱解氮含量均表现为宽膜覆盖处理 > 窄膜覆盖处理，分别高出 7.04%、23.89%、9.52%（表 3 - 表 6）。

表 3　覆膜方式与施氮量对 0～20 cm 土壤全氮的影响　　　　　　　　　　（g/kg）

处理	苗期	拔节期	大喇叭口期	吐丝期	成熟期
A1N1	3.20abAB	2.01cAC	2.97abcA	2.71bB	2.13aA
A1N2	3.22abAB	2.57aAB	3.23abcA	3.11aA	1.93aA
A1N3	3.04bAB	2.38abABC	2.93acA	3.04aA	1.87aA
A1N4	2.85bB	2.20abcABC	3.44abA	2.97aAB	2.03aA
A1N5	3.65aA	2.58aA	3.46aA	3.02aA	1.50aA
A2N1	3.09aA	2.25aA	3.04aA	2.37bcAB	2.12aA
A2N2	2.99aA	2.13aA	3.20aA	2.51abcAB	2.16aA
A2N3	3.00aA	2.30aA	2.97aA	2.65aA	2.32aA
A2N4	2.77aA	2.37aA	2.76aA	2.60abAB	2.29aA
A2N5	2.88aA	2.25aA	3.19aA	2.32cB	2.25aA
A1	3.19aA	2.35aA	3.21aA	2.97aA	1.89aA
A2	2.94aA	2.26aA	3.03aA	2.49aA	2.23aA
N1	3.14abA	2.13aA	3.01aA	2.54bB	2.13aA
N2	3.10abA	2.35aA	3.21aA	2.81aA	2.05aA
N3	3.02abA	2.34aA	2.95aA	2.85aA	2.10aA
N4	2.81bA	2.29aA	3.10aA	2.78aAB	2.16aA
N5	3.26aA	2.42aA	3.32aA	2.67abAB	1.87aA
A	ns	ns	ns	ns	ns
N	ns	ns	ns	*	ns
A×N	ns	ns	ns	ns	ns

注：A1 表示全膜覆膜，A2 表示传统覆膜，N1～N5 分别为纯 N 施用量 0 kg/hm^2、80 kg/hm^2、160 kg/hm^2、240 kg/hm^2 和 320 kg/hm^2。表 4 - 表 6 同。

表 4　覆膜方式与施氮量对 20～40 cm 土壤全氮的影响　　　　　　　　　　（g/kg）

处理	苗期	拔节期	大喇叭口期	吐丝期	成熟期
A1N1	2.42abA	2.48aA	2.96aA	2.64aAB	1.87aA
A1N2	2.85aA	2.39aA	2.99aA	2.50abABC	1.60aA
A1N3	2.04abA	2.57aA	2.57aA	2.23bAC	1.88aA
A1N4	1.86bA	2.47aA	2.74aA	2.68aA	2.01aA
A1N5	2.22abA	2.47aA	2.80aA	2.57aABC	1.62aA
A2N1	1.73aA	2.25aA	3.17aA	2.45abA	2.23abA

处理	苗期	拔节期	大喇叭口期	吐丝期	成熟期
A2N2	2.34aA	2.23abA	2.74aA	2.56abA	2.44abA
A2N3	2.33aA	2.11abcdA	2.79aA	2.26bA	2.02bA
A2N4	2.12aA	1.84bdA	2.93aA	2.66aA	2.50abA
A2N5	2.13aA	2.21abcA	2.70aA	2.53abA	2.69aA
A1	2.28aA	2.48aA	2.81aA	2.53aA	1.80bA
A2	2.13aA	2.13aA	2.87aA	2.49aA	2.38aA
N1	2.07aA	2.37aA	3.07aA	2.55aAB	2.05aA
N2	2.60aA	2.31aA	2.87aA	2.53aAB	2.02aA
N3	2.19aA	2.34aA	2.68aA	2.25bB	1.95aA
N4	1.99aA	2.16aA	2.83aA	2.67aA	2.26aA
N5	2.18aA	2.34aA	2.75aA	2.55aAB	2.15aA
A	ns	ns	ns	ns	*
N	ns	ns	ns	ns	ns
A×N	ns	ns	ns	ns	ns

表5 覆膜方式与施氮量对 0~20 cm 土壤碱解氮的影响 （mg/kg）

处理	苗期	拔节期	大喇叭口期	抽雄吐丝期	成熟期
A1N1	237.22bB	206.68bB	341.15aA	217.15bB	201.00bAB
A1N2	247.86abA	224.94bAB	283.21aA	227.40bB	156.67cB
A1N3	287.10abA	250.97bAB	355.34aA	350.02aA	182.67bcB
A1N4	299.15abA	315.00abAB	369.00aA	198.36bB	251.33aA
A1N5	341.49aA	470.86aA	414.56aA	318.51aA	203.67bAB
A2N1	247.86aA	200.47aA	342.43aA	179.19bA	159.00aA
A2N2	216.01aA	262.86aA	259.67aA	216.01abA	170.67aA
A2N3	216.01aA	325.95aA	375.08aA	231.58aA	167.00aA
A2N4	235.04aA	221.06aA	325.73aA	246.76aA	196.67aA
A2N5	246.02aA	260.03aA	303.90aA	262.14aA	199.33aA
A1	282.56aA	293.69aA	352.65aA	262.29aA	199.07aA
A2	232.19bA	254.07aA	321.36aA	227.13aA	178.53aA
N1	242.54abA	203.57bA	341.79aA	198.17bB	180.00bcAB
N2	231.93bA	243.90abA	271.44aA	221.71bAB	163.67cB
N3	251.55abA	288.46abA	365.21aA	290.80aA	174.83bcAB
N4	267.09abA	268.03abA	347.36aA	222.56bAB	224.00aA
N5	293.75aA	365.45aA	359.23aA	290.32aA	201.50abAB
A	*	ns	ns	ns	ns
N	ns	ns	ns	**	*
A×N	ns	ns	ns	*	ns

表6　覆膜方式与施氮量对 20～40 cm 土壤碱解氮的影响　　　　（mg/kg）

处理	苗期	拔节期	大喇叭口期	抽雄吐丝期	成熟期
A1N1	178.32abA	169.00aA	318.13aA	185.64bA	151.67aA
A1N2	153.46bA	226.11aA	280.55aA	271.82abA	155.00aA
A1N3	186.09abA	156.18aA	204.62aA	218.67abA	179.33aA
A1N4	202.60aA	176.57aA	278.27aA	225.31abA	178.33aA
A1N5	210.57aA	196.58aA	300.67aA	314.72aA	176.67aA
A2N1	171.72bB	167.83aA	271.44aA	216.01aA	163.00abA
A2N2	190.56bAB	166.08aA	170.84aA	210.32aA	151.00bA
A2N3	189.98bAB	213.29aA	170.46aA	252.84aA	176.67abA
A2N4	241.65aA	162.78aA	252.84aA	232.34aA	193.33aA
A2N5	196.26abAB	153.65aA	250.18aA	203.46aA	194.33aA
A1	186.21aA	184.89aA	276.45aA	243.23aA	168.20aA
A2	198.03aA	172.73aA	223.15aA	222.99aA	175.67aA
N1	175.02bA	168.41aA	294.79aA	200.83aA	157.33bA
N2	172.01bA	196.10aA	225.69aA	241.07aA	153.00bA
N3	188.03abA	184.73aA	187.54aA	235.75aA	178.00abA
N4	222.12aA	169.68aA	265.55aA	228.82aA	185.83aA
N5	203.41abA	175.12aA	275.42aA	259.09aA	185.50aA
A	ns	ns	ns	ns	ns
N	ns	ns	ns	ns	*
A×N	ns	ns	ns	ns	ns

4. 覆膜方式对春玉米根系的影响

玉米生长旺盛的大喇叭口期和抽雄吐丝期，玉米根表面积和根体积均表现为 A1 处理显著大于 A2 处理（表7）。宽膜覆盖玉米总根长、根长密度、根表面积、根体积、根直径、根尖数和根分枝数均显著高于窄膜覆盖，分别高出 19.16%、17.55%、19.20%、8.21%、17.37%、15.11%。表明宽膜覆盖根域集雨种植可显著促进玉米根系生长，增大根系面积，进而促进其吸收作用。

表7　不同覆膜方式玉米不同生育时期根系相关性状

根系指标	年度/年	处理	苗期	拔节期	大喇叭口期	抽雄吐丝期	乳熟期
根总长 /cm	2018	A1	1 006.0aA	2 180.2aA	3 879.3aA	5 150.3aA	5 721.2aA
		A2	789.3bA	2 053.0aA	2 872.4bB	4 010.6bA	4 625.0bA
	2019	A1	1 343.4aA	1 833.3aA	2 788.5aA	4 356.5aA	4 700.2aA
		A2	1 086.4aA	1 667.2bA	2 332.9bA	4 042.1bA	4 276.2bA
根表面积 /cm²	2018	A1	211.8aA	532.1aA	1 049.8aA	1 544.4aA	1 789.4aA
		A2	171.4aA	487.4aA	880.4bB	1 063.8bA	1 534.4aA
	2019	A1	277.9aA	635.5aA	972.9aA	929.4aA	986.0aA
		A2	222.9aA	564.9bA	866.1bA	863.4bA	943.2aA

根系指标	年度/年	处理	苗期	拔节期	大喇叭口期	抽雄吐丝期	乳熟期
根体积 /cm³	2018	A1	3.70aA	9.06aA	23.72aA	39.90aA	44.29aA
		A2	2.67aA	9.43aA	20.38bA	27.39bB	34.81bA
	2019	A1	4.62aA	18.91aA	26.53aA	24.71aA	27.15aA
		A2	3.67aA	16.80aA	23.67bA	22.23bA	25.50bA

5. 覆膜方式对玉米干物质积累与转运的影响

由表8和表9可知，两年A1处理吐丝期和成熟期群体及各器官干物质积累量均显著高于A2处理；干物质转运量、干物质转运率和干物质转运对籽粒干物质积累贡献率也表现出同样的趋势。宽膜覆盖地上部干物质积累量、转运量、转运率、干物质转运对籽粒干物质积累贡献率比窄膜覆盖分别高出19.50%、54.81%、3.18%、5.65%。

表8 不同覆膜方式下春玉米各器官干物质积累量

年度 /年	处理	吐丝期/（kg·hm⁻²）				成熟期/（kg·hm⁻²）				
		叶片	茎秆	其他	群体	叶片	茎秆	籽粒	其他	群体
2018	A1	3 042.6aA	8 868.8aA	2 480.10aA	14 391.46aA	2 256.5aA	7 054.2aA	10 862.1aA	1 950.9aA	22 123.8aA
	A2	2 360.0bB	6 890.7bB	1 883.10aA	11 133.87bB	1 794.2aA	5 835.0bB	9 581.4bA	1 635.0bA	18 845.7bB
2019	A1	3 049.5aA	11 107.1aA	1 222.7aA	15 379.3aA	2 577.3aA	6 993.8aA	12 082.7aA	2 233.8aA	23 887.6aA
	A2	2 590.0bB	8 733.4bA	1 267.7aA	12 591.1bA	1 984.6aA	5 778.1aA	11 109.1bB	2 158.5aA	21 030.3bA

表9 不同覆膜方式与施氮量下春玉米营养器官干物质转运及对籽粒干物积累的影响

处理	干物质转运量/（kg·hm⁻²）		干物质转运率/%		干物质转运对籽粒 干物质积累贡献率/%	
	2018年	2019年	2018年	2019年	2018年	2019年
A1	2 600.6aA	2 351.7aA	20.59aA	15.07aA	23.20aA	18.22aA
A2	1 621.5bA	1 402.1aA	17.96bA	11.34aA	17.88bB	12.24aA

6. 覆膜方式对玉米氮素积累与转运的影响

由表10和表11可知，两年A1处理吐丝期和成熟期群体及叶片和茎秆氮素积累量均显著高于A2处理。两个处理间氮素转运量、氮素转运率和氮素转运对籽粒氮素积累贡献率差异虽不显著，但A1处理均高于A2处理。地上部氮素积累量、转运量、转运率、氮素转运对籽粒氮素积累贡献率、偏生产力均优于窄膜覆盖，分别高出32.35%、40.50%、1.81%、9.19%、16.17%。

表10 不同覆膜方式下春玉米各器官氮素积累量

年度 /年	处理	吐丝期/（kg·hm⁻²）				成熟期/（kg·hm⁻²）				
		叶片	茎秆	其他	群体	叶片	茎秆	籽粒	其他	群体
2018	A1	82.56aA	66.13aA	10.45aA	158.73aA	37.73aA	35.80aA	142.33aA	7.71aA	223.58aA
	A2	57.49bA	45.29bA	8.83aA	111.60bA	28.93aA	26.77bA	128.38aA	6.20aA	190.28bA

年度/年	处理	吐丝期/（kg·hm⁻²）				成熟期/（kg·hm⁻²）				
		叶片	茎秆	其他	群体	叶片	茎秆	籽粒	其他	群体
2019	A1	58.55aA	50.06aA	24.52aA	133.14aA	36.21aA	45.80aA	122.05aA	15.49aA	219.55aA
	A2	40.42bA	37.99bA	18.30aA	96.71bA	23.80bA	32.69bA	108.53bA	8.22aA	173.24bB

表 11　不同覆膜方式下春玉米营养器官氮素转运及对籽粒氮素积累的影响

处理	氮素转运量/（kg·hm⁻²）		氮素转运率/%		氮素转运对籽粒氮素积累贡献率/%	
	2018 年	2019 年	2018 年	2019 年	2018 年	2019 年
A1	75.16aA	26.60aA	48.81aA	24.34aA	51.44aA	22.27aA
A2	47.08aA	21.92aA	44.11aA	25.43aA	36.04aA	19.28aA

7. 覆膜方式对玉米产量及产量构成因素的影响

由表 12 可知，玉米产量性状在 A1 处理下穗长、穗粒数、千粒重均优于 A2，A1 下玉米产量为 10 480.64 kg/hm²，大于 A2 下的 9 208.15 kg/hm²，相差 1 272.49 kg/hm²，表明宽膜覆盖根域集雨种植能显著提高玉米的产量。

表 12　覆膜方式与施氮量对玉米产量及其构成因素的影响

处理	穗数/（No.·hm⁻²）		穗粒数/粒		千粒重/g		产量/（kg·hm⁻²）	
	2018 年	2019 年	2018 年	2019 年	2018 年	2019 年	2018 年	2019 年
A1	63 709aA	64 810aA	439.1aA	543.82aA	373.73aA	376.24aA	10 559.7aA	10 480.6aA
A2	58 301aA	62 198aA	423.7aA	540.71aA	363.28aA	365.27aA	8 672.5bB	9 208.2bA

在贵州高海拔地区，低温缺水严重制约了玉米产量提高。随着农业生产的发展，传统覆膜方式已经不能有效地提高玉米产量了。因此如何增加覆膜对"保温、集雨保水"的作用是提高玉米产量的关键。本试验通过对创新优化后的玉米宽膜覆盖根域集雨种植与传统覆膜种植进行比较研究，发现玉米宽膜覆盖根域集雨种植对提高和保持玉米株间、行间土壤含水量及土壤温度的效果高于传统覆膜方式，苗期和拔节期表现明显，说明较传统覆膜方式，宽膜覆盖根域集雨种植条件下能给玉米生长发育提供更适宜的土壤水温条件。通过测量性状和产量发现，宽膜覆盖根域集雨种植条件下穗长、穗粒数、千粒重均优于传统覆盖，增产 12.14%。

8. 对玉米水氮肥利用的影响

宽膜覆盖下玉米水分利用比传统模式下略高，不同氮肥量之间水分利用率随着施氮量的增加先增加后下降（表 13）。总体来看水分利用率在宽膜覆盖下，施氮量为 240 kg/hm² 时最高，达到 22.74%。宽膜覆盖下玉米氮肥利用率、氮肥生理利用率为 14.50% 和 8.17%，分别比传统覆膜高 76.49% 和 51.49%，且差异达到显著（$P < 0.05$），而对氮肥偏生产力传统模式下却比集雨模式要高 15.21%；其中集雨覆膜的模

式下，施肥量为 80 kg/hm² 时，其氮肥利用率、氮肥生理利用率及氮肥偏生产力均达到最大，分别为 31.53%，12.24% 和 157.26%。

表 13　不同覆膜方式与施氮量对氮素利用效率的影响

处理	偏生产力 PFP/(kg·kg⁻¹)		农学利用效率 AE/(kg·kg⁻¹)		氮素利用效率 NUE/(kg·kg⁻¹)	
	2018	2019	2018	2019	2018	2019
A1N1	—	—	—	—	56.00aA	58.24aA
A1N2	132.96aA	128.86aA	17.80aA	23.13aA	57.22aA	57.59aA
A1N3	70.73bB	71.83bB	13.15abA	18.96aAB	47.05bAB	48.85abAB
A1N4	47.20cC	49.32cC	8.81bcAB	14.08bB	41.3bB	38.81cB
A1N5	32.21dD	32.21dD	3.42cBC	5.77cC	41.87bB	44.99bcAB
A2N1	—	—	—	—	54.97aA	62.51aA
A2N2	111.52aA	118.15aA	21.52aA	31.13aA	51.81aA	65.77aA
A2N3	58.91bB	65.32bB	13.90abAB	21.81bB	52.82aA	58.31aAB
A2N4	31.58cC	39.82cC	1.58cC	10.81cC	30.63bB	43.56bC
A2N5	31.9cC	30.06dD	9.49bB	8.31cC	48.58aA	46.33bBC
A1	56.61aA	56.44aA	8.63aA	12.39aA	48.69aA	49.70bB
A2	46.80bB	50.67bB	9.30aA	14.41aA	47.76aA	55.29aA
N1	—	—	—	—	55.48aA	60.37aA
N2	122.24aA	123.51aA	19.66aA	27.13aA	54.52aA	61.68aA
N3	64.82bB	68.57bB	13.53bAB	20.38bB	49.94abAB	53.58abAB
N4	39.39cC	44.57cC	5.19cC	12.45cC	35.97cC	41.19cC
N5	32.10dD	31.13dD	6.45cBC	7.04dD	45.22bB	45.66bcBC
A	＊＊	＊＊	ns	ns	ns	＊＊
N	＊＊	＊＊	＊＊	＊＊	＊＊	＊＊
A×N	＊＊	＊	ns	＊	ns	ns

（二）应用效果

2017—2019 年在威宁示范区进行推广应用，建立核心示范区 340 亩，示范推广 1.25 万亩。

2018 年和 2019 年，由贵州省农作物技术推广总站组织，邀请有关专家在威宁示范区对三节示范田进行测产验收。在威宁五里岗办事处中塘村示范区，经专家现场测产，2018 年三节示范田比传统种植田平均增产 12.12%。2019 年，三节示范田的产量比传统种植田的栽培增产 12.77%。

2019 年 10 月 14 日，由贵州省农作物技术推广总站组织，邀请有关专家对本项目集成的技术模式进行了现场评议。专家组实地考察了技术模式应用现场，听取了项目组汇报，审阅了技术模式资料，经质询，形成如下评议意见："玉米宽膜覆盖根域集雨种植"技术模式平均亩产 829.24kg，比传统栽培增产 12.77%；节水节肥节药 22%；提高劳动生产率 35%。该模式立足威宁地区海拔高平均气温较低、春旱严重的生态特点和生产实际，针对性强，节水节肥节药、增产增收增效显著，具有轻简化、绿色化、节约化、可操作性强等突出特点，创新性强，先进实用，对同类生态地区的春玉米生产有较强的指导意义。

五、当地农户种植模式要点

1. 整地

由于威宁地区回民较多，养牛的农户较多，故除了用小型旋耕机耕地外，还有部分农户用牛来耕地。一般在播种前耕地。

2. 品种选择

因绝大多数农户需用玉米秸秆喂牛，故选用的品种产量潜力和抗逆性一般，耐密性稍差，但秸秆的适口性较好。有些地方还是部分常规种植。

3. 窄膜覆盖

由于威宁年均温较低，玉米需覆膜种植，使用地膜宽度为 80 cm，一膜盖两行。

4. 播种

可以先播种再盖膜，也可先盖膜再播种。当春季降雨丰富时就先播种再盖膜，耐出苗后再破膜掏苗；春旱时就在雨后先整地盖膜，待到播种适期再破膜播种。值得提出的是近年该地区播期提前到 3 月中下旬（农户提高播种后好出门打工），易遭受倒春寒的危害。

5. 种植密度

多采用宽窄行，但宽行较大，在 100 cm 以上，故密度较低，每亩不足 4 000 株，此外，株行距不均匀，加上出苗后破膜不及时，导致植株整齐度较差。

6. 肥料施用

基肥：主要用农家肥和普钙，亩施农家肥 1 000 kg、普钙 25 kg 左右。

追肥：主要用尿素，施用时期和次数随意性大，主要结合降雨施用，用量不一，多数采用表施。

7. 病虫害防治

一般不用药，除了危害严重时使用化学防治。

六、节水节肥节药效果分析

课题组在威宁通过试验示范，集成了贵州春玉米田间节水节肥节药生产技术模式。该技术模式在威宁示范区推广应用，示范面积 1.25 万亩，累计辐射面积 5.25 万亩。经测产资料汇总，示范区产量比农户产量提高 93.9 kg/亩，平均增产率 12.77%，增产量

1 174. 13 吨，增加产值 235 万元，农药节本 13. 8 万元，肥料节本 27. 2 万元，节劳成本 106 万元，节本 147 万元，节本增效 382 万元，亩节本增效 306 元/亩，三节综合效益 20. 8% 。

　　该模式立足于威宁地区海拔高且平均气温较低、春旱严重的生态特点和生产实际，针对性强，节水节肥节药、增产增收增效显著，具有轻简化、绿色化、节约化、可操作性强等突出特点，创新性强，先进实用，对同类生态地区春玉米生产有较强的指导意义。

贵州春马铃薯
田间节水节肥节药生产技术模式

一、背景与原理

(一)背景

贵州是中国马铃薯种植大省,常年种植面积达 60 万 hm^2,播种面积约占全省粮食作物播种面积的 19%,总产量 800 万 t,约占全省粮食总产量的 14%(5:1 折粮)。尽管贵州省马铃薯种植面积比较大,总产比较高,但是单产与全国比较有较大的差距,和全国平均水平有一定差距,和先进国家差距更大,由此可以看出贵州马铃薯生产水平不高。所以贵州马铃薯生产大有潜力可挖,只要提高了单产水平,就可上一个新的台阶。

贵州地貌属于中国西部高原山地,山间丘陵地占 30.8%,山地面积占 61.7%,山间平地仅占 7.5%,丘陵旱地在农业生产中起着举足轻重的作用,然而丘陵旱地却存在土壤基础地力差、土地生产力低、水土流失严重、极易遭受干旱危害等突出问题,导致土壤质量退化、农业面源污染加剧和生态环境进一步恶化。

春马铃薯是云贵高原地区威宁县的第一大粮食作物,常年播种面积在 5 万公顷以上,产量为 100 万 t 左右,占贵州省总产量的 10.8%,占威宁县农业总产值的 27.3%。威宁县的播种面积和产量均居我国南方各县之首,是贵州省马铃薯种植资源和栽培基地县之一。水资源缺乏、春马铃薯水肥药利用效率不高、抗病高产主导品种和机械化技术缺乏是限制云贵高原地区春马铃薯生产的主要因素。近年来,春马铃薯产业已发展成为威宁县农民脱贫致富的第一大支柱产业,播种面积不断扩大,总产量也大幅度提高,春马铃薯已成为威宁县的主栽作物之一。但常因冬春季干旱,致使春马铃薯播后出苗缓慢,出苗不全,生长发育不良,严重影响了春马铃薯的产量和品质,成为制约云贵高原地区春马铃薯产业发展的瓶颈,尤其是 2009—2010 年发生了百年不遇的严重旱灾,给春马铃薯的生产带来了严重影响。因此,急需开展云贵高原山地春马铃薯节水节肥节药技术模式。

(二)原理

根据威宁地区春季少雨、夏季多雨、夏季冷凉,结合威宁地区的种植习惯,收集、引进马铃薯品种，经过多年多点研究，筛选出抗旱耐瘠并抗晚疫病品种；结合威宁的种植特点，结合多年的马铃薯专用肥研究，集成有机肥与化肥配施技术；根据威宁春季少雨，利用施肥枪，补充养分的同时补充水分，以供马铃薯生长；研究威宁地区春季降雨时间以及降雨量，确定了马铃薯的种植时间，有效利用降雨，利用平垄覆膜，集中利用春季少量降雨，以供马铃薯发芽所需；利用保水剂有效利用保存降雨；利用多效唑有效控制马铃薯株高，应对威宁地区夏季降雨偏多，马铃薯徒长的问题。项目经过 5 年的调查研究、试验研究、集成创新研究以及示范，将春马铃薯水、肥、药高效施用的单项技术进行了有机组成，集成了云贵高原春马铃薯节水节肥节药技术模式。技术模式的推广应用，不仅节省了水肥药的投入，且能够增加马铃薯产量。通过全程机械化管理，合理调整马铃薯肥料的氮磷钾比例，降低肥料的投入，增施保水剂保证马铃薯出苗，使用静电喷雾器等以及喷施合适的低残留农药，将复杂的科学技术通过农资产品配合轻简化技术应用到了马铃薯的大面积生产上。

二、主要内容与技术要点

（一）品种选择与种薯处理

1. 技术要点

1）品种选择

根据品种特性以及市场需要，选用抗旱耐瘠品种青薯 9 号、威芋 5 号、威芋 7 号，可以更好地抵御灾害，获得理想产量。

（1）青薯 9 号品种特性：晚熟鲜食品种，生育期 115 天左右。薯块长圆形，红皮黄肉，芽眼少而浅，淀粉含量 15.1%，干物质含量 23.6%，还原糖含量 0.19%，粗蛋白含量 2.08%，维生素 C 含量 18.6 mg/100 g 鲜薯。抗晚疫病，抗马铃薯 Y 病毒，中抗马铃薯 X 病毒。

（2）威芋 5 号品种特性：该品种属中晚熟兼用型品种，由威宁县农业科学研究所选育而成。株型直立，株高 80～85 cm。茎叶绿色，长势强，花冠白色。块茎椭圆形，黄皮黄肉，表皮微网纹，芽眼深浅度中等，结薯集中，耐储藏。生育期 90～95 天。微感晚疫病，高抗青枯病，高抗癌肿病。一般每亩产 2 500～2 600 kg，最高可达 3 200 kg。

（3）威芋 7 号品种特性：薯中晚熟品种，由威宁县山地特色农业科学研究院用父本昭绿 10 号与母本合作 88 杂交选育而成（品系代号 wy08－002），2016 年贵州省农作物品种审定委员会审定（审定号黔审薯 2016007 号）。出苗后生育期 93 天左右。株型直立，生长势较强，株高 103.54 cm 左右。茎绿色，叶绿色，单株主茎数 3.57 个。花冠白色，天然结实少。块茎大小中等整齐，圆形，黄皮黄肉，薯皮略麻，芽眼浅红色。

单株结薯数 7.48 块，平均单薯重 61.48 g。商品薯率 73.78%，平均亩产量 2 800 kg 左右，最高可达 3 800 kg。块茎淀粉含量 17.42%，维生素 C 含量 32.82 mg/100g，蛋白质含量 2.47%，鲜薯还原糖含量 0.163%，干物质含量 21.8%。高抗晚疫病、病毒病。

2）种薯处理

（1）为减少种薯因切块而导致水分散失，尽量选择 30～50 g 整薯播种，可提高种薯抗旱能力。

（2）大于 50 g 以上种薯进行切块处理，种薯切块不低于 30 g，切块需保证每块种薯至少带有 2 个健壮芽眼。切块过程要注意对切刀进行消毒，切块最好两把刀轮换消毒，交替使用。消毒用 75% 酒精或 0.5% 高锰酸钾溶液。

（3）拌种切块后的种薯要进行拌种晾晒处理。用 58% 甲霜灵或 50% 多菌灵与草木灰或者滑石粉拌种，用量 100 g/亩。

3）保证播种密度

采用行距 120 cm，株距 28 cm，一垄双行种植，密度 4 000 株/亩。

2. 技术优点

（1）抗旱、耐瘠、抗病品种适应性强，在恶劣环境条件下，可以获得理想的产量，有效应对多灾的环境条件，避免不必要的损失。

（2）农户习惯种植采取的是株行距 50 cm 种植，种植密度每亩不达 3 000 株，这样易导致马铃薯缺窝断行严重，适当提高马铃薯种植密度确保马铃薯能达到理想产量。

（二）霜冻预防技术及补救措施

1. 技术要点

1）播期确定

海拔高度与无霜期呈明显的负相关关系，即海拔越高，无霜期越短，初霜期越早，终霜期越晚。另外，马铃薯从播种到出苗的时间，为 35～60 天，从冬末到春初，随着播种期的推后，时间缩短。因此，在毕节东部及中部低海拔区域宜早播，可以在 12 月中、下旬至次年 2 月上旬播种；中高海拔及西部高寒冷凉山区，如威宁地区，为预防霜冻，应集中于 2 月上旬到 3 月上旬期间播种。在同一山区，加盖地膜实行早熟栽培的可适当提早播期 10～15 天。

2）霜冻减灾措施

根据当地天气预报，预判寒流，如遇寒流，可于夜晚在田间走道，利用秸秆、木屑、杂草等进行熏烟，每亩 4～5 个点，如遇特殊寒流，可适当增加熏烟点。

3）霜冻补救措施

如没能有效预防霜冻，可清理残枝和残叶后，用 1 000 倍磷酸二氢钾喷施。

2. 技术优点

霜冻重点在预防，播期适当调整能有效预防霜冻。但在预防失败后应迅速采取补救措施，可将霜冻损失降到最低。方法简便，材料易获得。

（三）抗旱技术

1. 技术要点

因威宁地区是季节性干旱，对马铃薯威胁最大的就是 3 - 5 月春旱，时有发生，发生时会严重影响马铃薯出苗以及苗期生长，导致严重减产。因此，根据各地情况不同，采取相应抗旱措施。

1）水肥耦合

根据不同水分条件，灌溉与施肥在时间、数量和方式上合理配合，促进作物根系深扎，扩大根系在土壤中的吸水范围，多利用土壤深层储水，并提高作物的光合强度，减少土壤的无效蒸发，以提高降雨和灌溉水的利用效率，达到以水促肥，以肥调水，增加作物产量和改善品质的目的。可采用机械化灌溉采用节水灌溉＋搅拌罐实现水肥一体化，使用可溶性肥追施，可节水 35%，减少肥料用量 25%，降低生产成本。也可以采用追肥枪，肥料采用 20% 基施，80% 可溶性水溶肥追施。

2）叶面抑蒸剂

喷施叶面抑蒸，通过叶面喷施抑蒸剂，在叶片表面形成一层保护膜，封闭气孔，减缓新陈代谢，减少水分蒸发。

3）土壤保水剂

保水剂是一种吸水能力特别强的功能高分子材料，无毒无害，在土壤水分充沛的时候吸水、干旱时释放水分以供植物吸收利用。施用方法一般是充分吸水后穴施或条施，之后及时覆土。目前应用较多的有深圳农神公司生产的保水剂，用量每亩 3~4 kg，与基肥一同施入土壤中。如有水源，保水剂可吸水 50~100 倍后于马铃薯播种前施入土壤中。

4）平垄地膜覆盖

用塑料薄膜覆盖地表，以减少蒸发，提高地温。可采用透明膜或者黑膜进行全覆盖，可在土壤墒情较好的情况下覆盖，土壤墒情差不能进行地膜覆盖。在威宁地区马铃薯地膜覆盖是要注意采用平垄的方式覆盖，忌高垄覆盖减少水分蒸发。

2. 技术优点

（1）提高马铃薯出苗率，提高出苗整齐度。

（2）有效储存、利用自然降雨，提高雨水利用率。

（四）平衡施肥技术

1. 技术要点

1）马铃薯专用肥配方

春马铃薯专用肥配方：总配方 16：9：18，专用基肥配方 8：9：18；生产为缓释肥或稳定性肥料，采用总配方，生产普通专用肥采用专用基肥配方（普通专用肥在苗期需要用尿素追肥）。

2）缓控释肥应用

在威宁地区建议推广诺泰克缓释肥和施可丰缓释肥，也可采用马铃薯专用肥田间氮肥稳定剂，一次性在施基肥时施入，后期不用再追施氮肥，以此减少追肥成本，实现轻简化栽培。

3）有机无机肥配施

采用腐熟农家肥 500～600 kg/亩，商品有机肥 200～300 kg/亩，在配合有机肥施用的情况下，可以减少化肥施用量 20%～30%，施用 70～80 kg/亩。施用稳定性专用肥配合有机肥使用，施用量可减少 30%，施用 70 kg/亩。

2. 技术优点

（1）施用缓释肥可减少追肥操作，省时、节约成本，提高肥料利用率。

（2）有机无机肥配施，可减少化肥用量。

（五）晚疫病防治技术

1. 技术要点

在威宁地区，马铃薯生长旺盛期处于温度高、湿度大的环境中，易发生晚疫病，要注意晚疫病的防治。

1）选择电动静电喷雾器

根据种植面积大小使用电动静电喷雾器或者喷雾机，可节约用药 30%。静电喷雾是利用高压静电在喷头与喷雾目标之间建立一个静电场，当药液经喷头雾化后，雾滴充上电荷；荷电雾滴在静电场力和其他外力的联合作用下，作定向运动，吸附在目标的各个部位。达到施药目的。它的特点是：①雾滴尺寸均匀，穿透性好，沉积覆盖均匀，特别是在目标背面也能沉积；②附着性好，使雾滴受风吹雨淋而流失的现象大大减少；③漂移损失少，药剂利用率高，环境污染小。

2）晚疫病预警与药剂防治

利用预警监测适时施药防治马铃薯晚疫病，威宁地区建有预警系统，采用 68.75%银法利 60 mL 与福帅得药剂 30 mL/亩 2 000 倍交替使用，或每亩可选用 50% 代森锰锌可湿性粉剂、58% 甲霜灵锰锌、50% 锰锌、氟吗啉 100 g、70% 丙森锌 200 g。

3）增施钾肥与多效唑

增施钾肥控制马铃薯植株旺长，在马铃薯分蘖期喷施磷酸二氢钾与多效唑 1 000 倍液控制马铃薯植株旺长，提高马铃薯抗病力。

2. 技术优点

（1）提高农药利用率。

（2）减少农药用量。

（3）有效控制晚疫病的发生。

三、特点与创新点

（一）特点

1. 系统化

结合抗旱耐瘠品种筛选、播期调整、肥料应用、保水剂应用、晚疫病的防治等方面，系统研究了马铃薯节水节肥节药，集成了云贵高原山地春马铃薯节水节肥节药技术模式，该技术模式全面、系统，可操作性强。

2. 轻简化

从威宁地区的气候条件以及种植模式出发，筛选缓释肥、保水剂，应用有机肥和化肥配施，形成了马铃薯轻简化施肥技术。

3. 技物结合

通过全程机械化管理，合理调整马铃薯肥料的氮磷钾比例，降低肥料的投入，增施保水剂保证马铃薯出苗，使用静电喷雾器等以及喷施合适的低残留农药，将复杂的科学技术通过农资产品配合轻简化技术应用到了马铃薯的大面积生产上。

（二）创新点

1. 抗旱耐瘠品种应用

多年多点筛选出适宜威宁地区种植马铃薯抗旱耐瘠品种青薯 9 号、威芋 5 号。威宁农科院选育了威芋 7 号抗晚疫病品种为威芋 5 号的替代品种，2018 年、2019 年在威宁大面积推广。

2. 播种期调整

在威宁马铃薯主栽区选择具有代表性的地块进行马铃薯节水试验研究，根据贵州威宁气候资料，开展春马铃薯播期研究，研究在不同播期春马铃薯出苗率、产量以及养分的吸收状况，研究得出有利于春马铃薯出苗水分和温度的平衡点，提出春马铃薯播种期。

3. 保水剂、水肥一体化抗旱施用

保水剂对马铃薯产量影响较大，在贵州威宁地区，春马铃薯播种后一个月，正是马铃薯出苗需水关键时期，而该时期降水量远远不能满足马铃薯苗期需水量，因此该时期添加保水剂和灌水对于马铃薯出苗起着至关重要的作用，施用保水剂 4 kg/亩能显著提高马铃薯的出苗率以及大中薯率，从而提高马铃薯产量，在施用保水剂后，后期降雨能满足马铃薯的生理需水，可以不用灌水。

4. 植株株高防控

针对威宁地区 7 月降雨偏多，温度适宜的环境，易导致马铃薯植株徒长，易倒伏、易感病的问题，进行了马铃薯喷施多效唑进行防控马铃薯徒长、倒伏的问题。

5. 旱灾、霜冻、晚疫病多灾种应急技术研究

威宁降雨量相对贵州其他县市，降雨量较少，易发生旱灾、霜冻、晚疫病，因此开展了霜冻、晚疫病多灾应急研究，开展了保水剂 + 马铃薯晚疫病防治药物银法利预防马铃薯旱灾、晚疫病。结果显示：采用喷施植物防冻剂 + 喷施马铃薯晚疫病防治药物联合防治后，显著增加马铃薯产量，喷施 68.75% 银法利时，用量亩用 55～65 mL 即可。采用保水剂 + 喷施药物后，马铃薯产量比未使用保水剂 + 未喷施药物能显著增加马铃薯产量。易发生旱灾天气，加上后期雨水过多，因此采取前期添加保水剂后提高马铃薯出苗率，中后期采用喷施药物预防马铃薯晚疫病联防联治措施。

四、应用效果

（一）应用

为进一步提高云贵高原地区春马铃薯产量，挖掘该地区的春马铃薯生产潜力，项目组于 2015 年至 2019 年在威宁地区开展了马铃薯多灾种应急联合调控技术研究与集成，并进行了大面积示范。该技术特点与创新点是使用抗旱耐瘠马铃薯品种；采取播期、保水剂、水肥一体化抗旱；使用高效喷药器械结合晚疫病预警、药剂防控结合植株株高控制防控晚疫病。

（二）效果

2016 年度在威宁县双龙镇开展应急调控核心区示范面积 80 亩，平均亩产产量 2 169.6 kg，比习惯种植增产 21.4%。2017 年度在威宁县双龙镇开展应急调控核心区示范面积 1 000 亩，平均亩产产量 2 324.86 kg，比习惯种植增产 21.5%。2018 年在威宁县双龙镇开展应急调控核心示范 1 200 亩，平均每亩产量 2 457.5 kg，比习惯种植增产 23.5%。2019 年在威宁县双龙镇原种扩繁区开展核心示范 1 200 亩，示范区平均亩产 1 378.0 kg，比习惯种植增产 18.2%。

核心示范区 3 年平均每亩节水 34.33%，节肥 26.32%，节药 30.64%，劳动生产率提高 42.33%，平均亩产 2 049.6 kg，比习惯种植增产 363.2 kg，增产率达 21.5%。

大面积推广应用示范每亩增产 138.1 ~ 265.8 kg，增产率 10.6% ~ 14.1%。取得较好的增产效果，改善春马铃薯品质，防范因灾害天气对马铃薯产量、品质的影响，增加种植户的收入。

五、当地农户种植模式要点

（1）播期：年后种植，一般在 2 月上旬完成播种。

（2）整地：牛 + 人工、人工、小型农机松土开沟，普遍株行距 50 cm 单沟、单窝种植。

（3）基肥：农家肥（牛粪或猪粪）、过磷酸钙和复合肥为主，平均亩施农家肥 600 kg/亩，N、P_2O_5、K_2O 肥施用量范围分别在 6.15 ~ 16.00 kg/亩、7.05 ~ 15.81 kg/亩、6.15 ~ 7.65 kg/亩。

（4）播种：人工播种，亩播种量 180 ~ 240 kg，播种后盖土，加盖地膜的膜上不覆土。播种时不灌水。

（5）追肥：全生育期追肥 1 ~ 2 次，平均追施尿素 15 kg/亩，施肥方式种肥穴施覆土，追肥穴施不覆土。

（6）病虫害防控：农民对病虫害一般不防治且无用药。因高产创建的宣传和培训，法人用户病害防治意识强，在马铃薯播种时每亩使用代森锰锌 100 g 拌种，生长期中进行晚疫病的防治，需喷施药剂 4 次，共计施用农药 360 g/亩，马铃薯产量 2 000 kg/亩。

（7）收获：人工收获。

（8）产量：马铃薯产量 1 600 ~ 1 800 kg/亩。

六、节水节肥节药效果分析

1. 节水效果分析

水是生命之源，是连接土壤—作物—大气的介质，水在吸收、输导和蒸腾过程中把土壤、作物、大气联系在一起。对作物生产来说，水的收支平衡是作物高产的前提条件之一。受大气环流及地形等影响，贵州气候呈多样性，"一山分四季，十里不同天"。另外，气候不稳定，灾害性天气种类较多，干旱、秋风、冷冻、冰雹等频度大，对农业生产危害严重；受季风影响，降水多集中于夏季；境内各地阴天日数一般超过 150 天，常年相对湿度在 70% 以上。

调查结果显示（表1），马铃薯生长期间降雨量为 649.1 mm，马铃薯对雨水的利用率在 38.82 ~ 41.60 kg/（hm² · mm）之间；马铃薯对雨水的利用较充分。"三节"项目区马铃薯雨水利用率为 52.82 kg/（hm² · mm）。马铃薯一般种植不灌水，但贵州地区易出现春旱，对春马铃薯出苗极为不利，"三节"项目区采用施用保水剂的技术，提高了雨水利用率。说明保水剂一定程度上缓解了贵州马铃薯春旱导致出苗率低的问题，从而增加了马铃薯产量，提高了马铃薯雨水利用率，节水增效效果显著。

表1　马铃薯产量及降雨利用率

用户类型	马铃薯产量/（kg·亩⁻¹）	降雨量/mm	降雨利用率/（kg·hm⁻²·mm⁻¹）
小农用户	1 694.4	649.1	39.16
法人用户	2 000.0	649.1	46.22
"三节"项目区	2 285.9	649.1	52.82

2. 节肥效果分析（表2）

小农户种植氮肥投入量13.42 kg/亩，磷肥投入量11.16 kg/亩，钾肥投入量7.09 kg/亩，化肥投入成本201.95元/亩，产量1 694.4 kg/亩；法人用户氮肥投入量15.37 kg/亩，磷肥投入量15.75 kg/亩，钾肥投入量7.5 kg/亩，化肥投入成本222元/亩，总产量2 000 kg/亩；"三节"项目区氮肥投入量11.2 kg/亩，磷肥投入量8.0 kg/亩，钾肥投入量14.4 kg/亩，化肥投入成本200元/亩，产量2 285.9 kg/亩。各地区农户种植马铃薯，其氮肥施用量最多；其次是磷肥，钾肥施用量最少，马铃薯产量在1 680~1 800 kg/亩之间，对马铃薯生长期间肥料投入成本在158.30~238.00元/亩之间。

在调查中了解到，农民对肥料施用量问题意识模糊，大部分农民都是根据自己的种植经验进行施肥，并且对作物后期田间管理粗放，做不到精耕细作，使用传统施肥方式及不合理的施肥用量，对肥料造成浪费，投入成本较高但作物产量和品质不乐观，并且当地缺少能开展技术培训的相关工作人员和节肥集成技术进行示范推广的条件。马铃薯"三节"项目区应用"贵州春马铃薯田间节水节肥节药生产技术模式"，采用测土配方施肥，施用马铃薯专用肥配合有机肥，肥料成本与小农户肥料成本相当，比合作社种植成本低22元/亩，产量比小农户种植增加591.5 kg/亩，比合作社种植增加285.9 kg/亩。说明在威宁春马铃薯种植区域合理调整肥料结构比例、增加肥料的投入量能提高马铃薯产量，节肥节本增效效果显著。

表2　节肥分析表

类型	化肥投入量/（kg·亩⁻¹）			化肥成本/（元·亩⁻¹）	产量/（kg·亩⁻¹）
	N	P_2O_5	K_2O		
小农户	13.42	11.16	7.09	201.95	1 694.4
法人用户	15.37	15.75	7.5	222	2 000
"三节"项目区	11.2	8	14.4	200	2 285.9

3. 节药效果分析（表3）

因农业生产受自然条件、劳动力成本、资金等的限制，农户常规种植春马铃薯，生长期中不使用农药，加之使用传统品种，种植密度低等问题，导致马铃薯产量低，亩产 1 694.4 kg。因高产创建的宣传和培训，法人用户病害防治意识强，在马铃薯播种时每亩使用代森锰锌 100 g 拌种，生长期中进行晚疫病的防治，需喷施药剂 4 次，共计施用农药 360 g/亩，马铃薯产量 2 000 kg/亩。"三节"项目区每亩使用代森锰锌 100 g 拌种，马铃薯生长期施用 3 次农药，共计施用农药 280 g/亩，马铃薯产量 2 285.9 kg/亩。"三节"项目区推广"贵州春马铃薯田间节水节肥节药生产技术模式"，在农药施用方面，马铃薯后期喷施农药比法人用户少喷施 1 次氟啶胺，并施用静电喷雾器，较好地防治了晚疫病的发生，比法人用户减施农药 33.7%，节本 51.9%；比小农户种植增效 510.8 元/亩，比法人用户增效 373.1 元/亩，节药节本增效效果显著。

表3　三节项目节药效果分析汇总表

用户类型	平均农药施用折百量/（g·亩⁻¹）	"三节"农药减量/%	施药成本/（元·亩⁻¹）	"三节"节本/%	产量/（kg·亩⁻¹）	"三节"增产/%	"三节"产量增效/（元·亩⁻¹）
农户	—	—	0	—	1 694.4	591.5	510.8
法人用户	252.5	33.7%	167.9	51.9%	2 000.0	285.9	373.1
"三节"项目区	167.5	—	80.7	—	2 285.9	—	—

云南玉米—马铃薯
田间节水节肥节药生产技术模式

一、背景与原理

玉米、马铃薯是云南省的主要粮食作物，但长期以来产量低而不稳、品质和效益不高、生产效率和水肥药利用效率低下。本研究任务着眼农业生产简化、规模化、机械化发展的迫切需求，整合耕作栽培、土肥、植保及农技推广科技力量，针对云南浅山区玉米、马铃薯两大作物，集成与示范旱地节水节肥节药综合技术，推动旱地耕作制度改革、栽培技术改进、新品种改换和机械化发展，切实支撑粮油自求平衡和农户增收致富。

二、主要内容与技术要点

（一）云南玉米田间节水节肥节药生产技术模式

1. 品种选择

选用生育期短，抗灰斑病、大斑病和穗粒腐病，适应性广，株型紧凑，群体整齐，穗位适中，灌浆快速，成熟后苞叶松散的适于机播机收的玉米包衣种子。如：靖单15号、靖单14号。

2. 精细整地

选择前作种植绿肥的地块，绿肥收割后及时采用深松整地机整地，使土壤上松下紧、表土平细，深松深度达25 cm以上。结合整地每亩遍施腐熟厩肥1 000 kg。

3. 规格播种

密切关注天气预报，雨水来临前5天之内及时播种。地势平缓地块，采用单粒精密覆膜播种机播种，一般使用低二档，每亩确保5 000株基本苗，深度4～5 cm，播种同时每亩施18－8－16（N－P－K）缓释复混肥50～60 kg，施肥时肥料距离种子8～10 cm。坡度较大的地块，覆膜后采用播种器直播，株行距（80＋40）cm×40 cm，每穴播种3～4粒，双株留苗。

4. 科学管理

杂草 3 ~ 5 叶及时喷洒 4% 烟嘧磺隆悬浮剂 + 松香增效剂防除杂草。大喇叭口期，若心叶发黄用无人直升机追施磷酸二氢钾 1 次。种植感病品种和虫害严重地块，大喇叭口期用无人直升机喷施扬彩 + 福戈防控后期病虫害，实现病虫前移防控一次清。8 月中下旬在玉米行间撒播或点播紫云英。

5. 适时采收

鲜食玉米，授粉后 18 ~ 23 天，花丝变为黑褐色，果穗开始向外倾斜，籽粒充分灌浆达到乳熟及时采收。青贮玉米，在乳熟末期至蜡熟期玉米籽粒乳线达到一半时采用玉米青贮收割机适时收获，并及时入窖青贮。籽粒玉米，在籽粒乳线消失、基部出现黑色层，苞叶松散时适时采收。未种植绿肥地块，采用玉米联合收获机采收玉米，将秸秆就地粉碎还田并翻犁入地。

（二）云南马铃薯田间节水节肥节药生产技术模式

1. 选地整地

选择气候冷凉、通风良好、排灌方便、土层深厚、土壤结构疏松、中性或微酸性的沙壤土或壤土地块。绿肥收获后及时进行深松整地。

2. 种薯准备

选择高产优质高抗晚疫病的青薯 9 号、会 - 2 号、会薯 8 号、会薯 16 号等品种，挑选表皮光滑、薯型较好、芽眼浅、无病菌、无虫卵、具有本品种典型特征的带 0.5 cm 以下短壮芽的 50 g 以上脱毒茎块整薯播种。

3. 科学播种

土壤深 10 cm 处地温为 7 ~ 22℃ 时适宜播种，根据气象条件和市场需求选择适宜的播期。尽量采用机械播种。采用窝塘集雨地膜覆盖。地温低而含水量高的地块宜浅播，播种深度约 5 cm。株行距 （40 + 80） cm × 30 cm，种植密度 5 500 株/亩。肥地宜稀，瘦地宜密。测土配方施肥，每亩施 15∶15∶15 （N∶P∶K） 三元复合肥 60 ~ 80 kg，作包厢肥集中施用。

4. 田间管理

苗弱时，于封垄前采用无人直升机喷施磷酸二氢钾 + 尿素水溶液 1 次。

5. 适时收获

马铃薯成熟后，选择晴天适时人工收获，结合撒播紫云英。薯块晾干后及时分级，采用编织袋定量包装，及时上市或入库贮藏。运输贮藏时保持通风、凉爽、具有散射光，避免机械损伤和混杂，注意防雨、防冻。贮藏期间翻拣 1 ~ 2 次烂薯。

（三）马铃薯和玉米田间节水节肥节药技术

1. 选地整地

选择海拔 2 300 m 以下气候温和、通风良好、排灌方便、土层深厚、土壤结构疏松、中性或微酸性的沙壤土或壤土地块。前茬收获后及时进行深松整地。结合整地每亩遍施腐熟厩肥 1 000 kg。

2. 种子准备

马铃薯选择高产优质高抗晚疫病、结薯集中、生育期较短的会－2 号、云薯 505 等品种，挑选表皮光滑、薯型较好、芽眼浅、无病菌、无虫卵，具有本品种典型特征的带 0.5 cm 以下短壮芽的 50 g 以上脱毒茎块整薯播种。

玉米选择早熟耐密中穗抗病宜机的靖单 15 号、靖单 14 号、华兴单 7 号等品种。

3. 科学播种

根据气象条件和市场需求选择适宜的播期。尽量采用机械播种。一般采用双行马铃薯套种双行玉米的二套二种植模式，每个种植复合带 2.0 m 宽。

马铃薯一般选择 1~3 月份播种，采用宽窄行覆膜平作栽培，株行距为（40 cm + 160 cm）×30 cm，播种深度约 5 cm。测土配方施肥，每亩施 15:15:15（N:P:K）三元复合肥 30~40 kg，作包厢肥集中施用。

玉米一般等雨湿直播，采用宽窄行覆膜平作挖穴栽培，株行距为（40 cm + 160 cm）×40 cm，双株留苗，播种深度约 5 cm。播种同时每亩施 18－8－16（N－P－K）缓释复混肥 40~50 kg。

4. 田间管理

苗弱时，于封垄前采用无人直升机喷施磷酸二氢钾 + 尿素水溶液 1 次。

5. 适时收获

根据市场需求及时采收马铃薯，及时上市销售。采收马铃薯的同时撒播绿肥紫云英，培肥土壤，增加收入。玉米籽粒乳线消失、黑色层出现及时收获。

四、特点与创新点

1. 云南玉米田间节水节肥节药生产技术：选用抗病耐瘠抗病耐密玉米新品种靖单 14 号、靖单 15 号和生物长效种衣剂，减轻玉米灰斑病和穗粒腐病的发生，整个生育期不使用农药；采用窝塘集雨地膜覆盖栽培，不浇水；通过种植绿肥田间固氮，玉米秸秆过腹还田有机肥贴代化肥，用无人机喷施叶面肥，减少化肥使用量。

2. 云南马铃薯田间节水节肥节药生产技术：选用抗旱高产抗病新品种青薯 9 号、

会薯 8 号、会薯 16 号等，使用脱毒健康适龄种薯，减轻了马铃薯晚疫病等病害发生，整个生育期不使用农药；采用窝塘集雨覆膜节水栽培，保证苗齐苗全苗壮，不进行灌溉；增施有机肥、减施化肥，采用无人机喷施叶面肥，减少化肥使用量。

3. 云南玉米套种马铃薯田间节水节肥节药生产技术：综合运用上述两个模式的关键技术，合理搭配优良品种，优化间套种植规格（两行玉米套种两行马铃薯），科学调整薯玉播期（马铃薯 1—3 月播种，玉米 4—5 月播种），统筹安排间套密度（行距：玉米 40 cm 玉米 +60 cm + 马铃薯 40 cm 马铃薯 +60 cm，株距：玉米 25 cm、马铃薯 32 cm）。

五、应用与效果

2018 年，曲靖市农业科学院在云南省会泽县建设玉米马铃薯田间节水节肥节药生产技术模式千亩展示区 13 056 亩（会泽县火红乡桥边村马铃薯田间节水节肥节药生产技术模式展示区 5 362 亩、会泽县五星乡黑土村玉米套种马铃薯田间节水节肥节药生产技术模式展示区 2 123 亩、会泽县者海镇钢铁村玉米田间节水节肥节药生产技术模式展示区 5 571 亩）、万亩示范区 390 244 亩。展示示范区内，全部采用"三节"技术。

2018 年 7 月 16 日，由曲靖市农业局组织，邀请云南省相关单位 5 位专家组成验收组，对曲靖市农科院在会泽县五星乡黑土村组织实施的玉米套种马铃薯田间节水节肥节药综合技术万亩示范区进行了田间测产验收。示范区马铃薯亩产 1 905.65 kg、商品薯率 90.91%，比同期同田对照亩增产 596.37 kg，增幅达 45.55%。玉米平均亩产 688.3 kg，比同期同田对照亩增 136.2 kg，增幅达 26.09%。

2018 年 7 月 17 日，专家验收组对会泽县火红乡桥边村马铃薯田间节水节肥节药综合技术万亩示范区进行了田间测产验收。通过实收测产，专家组一致认定，研发集成的马铃薯田间节水节肥节药综合技术先进、实用，在全国处于领先水平，示范区马铃薯亩产 3 045.89 kg、商品薯率 86.93%，比同期同田对照亩增产马铃薯 750.07 kg，增产幅度达到 32.67%，平均商品薯率提高 7.14%。

2018 年 9 月 18 日，曲靖市农业局邀请国内有关专家，对曲靖市农科院在会泽县者海镇钢铁村建设的会泽县玉米田间节水节肥节药综合技术示范区进行了田间测产验收。专家组听取了实施情况汇报，实地考察了万亩玉米示范区，随机抽取了位于会泽县钢铁村示范区内二组农户张庆和的 2.3 亩进行测产。实测地块玉米品种为靖单 14 号，株行距（80 +40）cm × 25 cm。采用 5 点取样，实测面积合计为 129 m²，实收玉米鲜果穗重量为 285.25 kg，平均亩穗数 4 586 穗；采用水分测定仪 PM8188，重复测定 25 个样本，籽粒平均含水量 34.01%；按照果穗平均重量抽取 50 个果穗，平均出籽率 70.50%，折合亩产量 797.92 kg。专家组一致认定，在前期干旱、后期田间积水严重的不利条件下，通过采用窝塘集雨节水栽培、绿肥田间固氮和有机替代、选用抗病抗旱耐瘠耐密玉米新品种靖单 14 号、机管机收等，实现了"三节"绿色生产，效益显著，每亩地净利润达到 1 064.84 元。技术模式立足云南生产实际，针对性强，节水节肥节药效果显著，具有创新性和前瞻性，技术成果先进实用，处于全国同类生态区领先水平，一致同意通过现场验收。

一年来，"三节"项目的实施推动了会泽县旱地耕作制度改革、改进了栽培技术、推广了新品种、推进了机械化发展，切实支撑会泽县粮油自求平衡和农户增收致富，为会泽县精准脱贫做出了重要贡献。曲靖市农业科学院在首席专家张鸿研究员和执行专家组的领导下，在会泽县农业技术推广中心、会泽县种子管理站和其他兄弟单位的大力协助下，示范推广玉米套种马铃薯节水节肥节药综合技术 4.68 万亩、马铃薯节水节肥节药综合技术 10.02 万亩、玉米节水节肥节药综合技术 25.63 万亩，合计 40.33 万亩，实现每亩节本增收 109.9 元，共节本增收 4 433.6 万元。

六、当地农户种植模式要点

每亩施腐熟厩肥 1 000 kg 作种肥（包厢肥），不覆地膜，不用农药，人工除草理墒，单垄单行，粗放管理，广种薄收，亩产 1 300 kg 左右。

七、当地高产创建模式要点

每亩施化肥 150 kg 以上，高垄双行栽培，不覆地膜，出苗后灌水 1 次以上，打农药 1 次防控晚疫病，亩产 2 000 kg 左右。

八、节水节肥节药效果分析

1. 云南玉米田间节水节肥节药生产技术：选用抗病耐瘠抗病耐密玉米新品种靖单 14 号、靖单 15 号和生物长效种衣剂，减轻玉米灰斑病和穗粒腐病的发生，整个生育期比传统栽培每亩节药 60 g；采用窝塘集雨地膜覆盖栽培，每亩节水 1.5 立方米；通过种植绿肥田间固氮，玉米秸秆过腹还田有机肥贴代化肥，无人机喷施叶面肥，每亩节约化肥 10 kg。

2. 云南马铃薯田间节水节肥节药生产技术：选用抗旱高产抗病新品种青薯 9 号、会薯 8 号、会薯 16 号等，使用脱毒健康适龄种薯，减轻了马铃薯晚疫病等病害发生，整个生育期比传统栽培每亩节药 50 g；采用窝塘集雨覆膜节水栽培，保证苗齐苗全苗壮，节水 20% 以上；增施有机肥、减施化肥，无人机喷施叶面肥，每亩节约化肥 10 kg。

3. 云南玉米套种马铃薯田间节水节肥节药生产技术：综合运用上述两个模式的关键技术，合理搭配优良品种，优化间套种植规格（两行玉米套种两行马铃薯），科学调整薯玉播期（马铃薯 1—3 月播种，玉米 4—5 月播种），统筹安排间套密度（行距：玉米 40 cm 玉米 + 60 cm + 马铃薯 40 cm 马铃薯 + 60 cm，株距：玉米 25 cm、马铃薯 32 cm）。不用农药不进行灌溉，每亩节药 55 g，节水 1.5 m³。采用绿肥生物固氮，每亩减施化肥 10 kg。

攀西地区冬马铃薯—夏玉米
周年轮作节水节肥节药生产技术模式

一、背景与原理

（一）背景

四川攀西地区属亚热带季风气候，光热资源丰富，年温差小，昼夜温差大，光合效率高，农经作物生产得天独厚，不仅产量高，而且品质好。受西南季风影响，区域内气候干湿季节分明，冬春干旱无雨，夏秋雨量充沛。降水主要集中于6—10月，占全年降水量的90%以上，而11月至次年5月降水量不足全年的10%，因水资源缺乏，旱坡地多以一年一季种植夏玉米为主，冬、春、初夏长达7—8个月的旱季，小春作物播种指数较低，大面积的冬季土地闲置，土地利用率低。而冬季11月至次年5月，气候温暖，日照强烈，正好适宜冬马铃薯生长。项目经过多年研究，选择攀西地区冬闲土地开展冬马铃薯种植，根据不同海拔和纬度气温变化规律，确定冬马铃薯的播种期为11月至次年1月，成熟收获期为3—5月。冬马铃薯收获后正值攀西地区夏玉米播种期，雨季于5月底至6月上旬来临，玉米于10月成熟收获。玉米收获后再进行冬马铃薯种植，形成了冬马铃薯与夏玉米周年轮作的复合模式。

冬马铃薯生产具有巨大的市场潜力，一方面大春马铃薯收获期在10—11月，全国的产量较大，市场供应过盛，价格低，经济效益差。产品和原料供应至次年的2月基本结束，至3月以后，鲜薯原料供应极少，且经过长时期保存，普遍出芽或衰老，品质下降，库存量少，市场供应紧缺，而3—5月成熟的新鲜马铃薯大受欢迎。另一方面我国能种植冬季马铃薯的地区很有限，鲜薯需求较大，无论是菜用薯还是加工薯，市场前景较好，经济效益高。

夏季雨量充沛，气温较高，旱坡地无灌溉条件，玉米生产投入较低，产量较高。

通过冬马铃薯—夏玉米周年轮作，实现了攀西地区旱坡地的综合利用，提高了复种系数，大大提高土地收益，为攀西地区冬闲土地的综合利用找到了较好的出路，对攀西地区土地增产、农民增收、农业增效具有十分重要的意义。

（二）原理

夏玉米收获后，进入冬马铃薯种植准备期，利用中大型旋耕机对土地进行深翻，并将玉米秸秆细碎还田，改善土壤通透性，并增加了土壤有机肥含量，采用冬马铃薯高垄双行栽培，起垄聚土，增加了土壤耕层厚度，扩大了与环境交换水热气的土壤表面积，满足了马铃薯生长对耕作层土壤的要求，并增加土壤通透性，利于根系生长，适宜薯块生长与膨大；双行（错窝）栽培，利于起垄和密度控制，形成垄间宽行，垄内窄行，有利于改善通风透光，构建高效合理的群体结构和高产模式。膜下滴灌水肥一体化栽培技术，实现了水和肥的高效耦合，一方面大大提高了水分利用效率，最大限度地发挥干旱地区水资源的生产潜力，增加土地复种指数，提高土地利用率；另一方面肥料（营养元素）在水溶状态下，才有利于马铃薯高效吸收，并便于根据马铃薯各生长期对养分的需求进行合理追肥，极大地提高肥料的利用效率，达到节水节肥的目的。通过全程机械化栽培技术，降低劳动强度，减少生产投入，并可实现大面积、规格化生产，提高生产效率，实现土地高产出和多收益。

冬马铃薯收获后进入夏玉米栽培准备期，利用中大型旋耕机对土地进行深翻，将马铃薯秸秆细碎入土，增加土壤有机质含量；选用适宜本区域的高产抗旱玉米品种是获得高产的基础；因玉米播种期内气候干燥，土壤含水量极低，采用"三干"直播简化播种；采用覆膜集雨栽培模式提高玉米对水资源的利用率，减轻夏旱和伏旱；采用增密保苗增加群体植株数量，为高产打下良好基础；改善传统施肥模式，调整肥料养分比例，通过基施特定养分比例的缓释肥料延长肥效，减少施肥次数，降低东安动力投入，适当减少氮素施用量，增加钾的施用量，使肥料施用达到合理的比例；抓住关键期进行病虫草害的防治，增加防治效果，减少农药的施用量。

二、主要内容与技术要点

（一）冬马铃薯田间节水节肥节药生产技术模式

1. 玉米秸秆还田

夏玉米收获后，待玉米秸秆全部干枯，土壤水分适宜，用中型旋耕机深翻土壤 $25 \sim 30$ cm，同时将玉米秸秆打碎还田，有效改良土壤结构，增加土壤有机质含量和通透性。

2. 优质专用品种和脱毒良种

选择优质专用品种，如薯片加工专用品种大西洋，薯条加工专用品种夏波蒂，优质高产菜用品种青薯 9 号、丽薯 6 号等。选用符合 GB18133 - 2012 质量标准的优质脱毒种薯作种，切块大小 $30 \sim 50$ g。

3. 全程机械化技术

整地选用大陆桥 1GQN - 180 中型旋耕机；施底肥选用圆盘形农用自动撒肥器；播

种选用多功能一体化自动旋耕覆膜覆土播种机，如赛德2MB－1/2大垄双行马铃薯播种机，同时完成开沟、施肥、播种、施药、起垄、铺滴灌带、覆膜等多项作业，或选用多功能一体化盘式覆膜播种机＋上土机，如美诺12208马铃薯播种机＋上土机；施药选用悬挂式喷杆式喷药机或无人机；杀秧选用洪珠1JH－100马铃薯杀秧机；收获选用单垄或双垄收获机，动力均可配备雷沃M354－M或雷沃欧豹M704－B轮式拖拉机，轮距1.2m。

4. 水肥一体化技术

水肥一体化技术由贮水系统、输水系统、过滤系统、施肥系统、滴灌系统和水分监测系统组成（图1）。

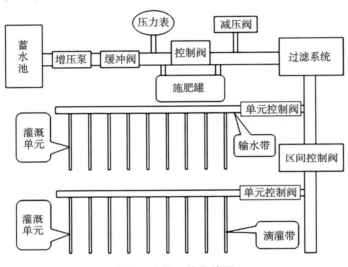

图1　水肥一体化简图

（1）贮水系统：即水源，包括水库、蓄水池等。贮水池修建推荐采用HDPE土工防渗膜热熔焊接技术。选用宽幅为4~6m的HDPE两布一膜、重量为200~1 500 g/m²的复合土工防渗膜；选择合适位置，用挖掘机挖出蓄水池池坯，平整、夯实池底和四周池壁；根据水池形状，将HDPE复合土工防渗膜进行剪裁，铺满整个池底部和四周，连接口处保留10~15 cm重叠；采自爬行式土工膜焊接机沿连接口对土工膜进行热熔焊接，用PE聚乙烯塑料专用胶水将复合土工膜接头黏合即可。该方法易选址、建设快、成本低、易恢复。

（2）输水系统：包括增压泵、输水管道、控制阀等装置。应根据灌溉面积的大小和水位的高低选择增压泵；输水管道由主管道和支线管道组成，主管道根据灌溉面积大小与增压泵匹配，支线管道统一规格，便于安装与维护；控制阀包括主控制阀、设备控制阀、区间控制阀、单元控制阀等，根据需要进行设计安装，以达到便于灌溉与调控的目的。

（3）过滤系统：采用过滤器与连接部件组成，过滤器有叠片式过滤器和网状过滤器，根据水源的洁净度与灌溉面积大小选择过滤器的安装，一般采用多个过滤器多管、串并联组合安装。

（4）施肥系统：由溶肥装置通过连接控制部件与输水管道相连，以增压泵为界，分为前给肥和后给肥系统，前给肥系统是将肥料溶入溶肥池（罐或桶）通过增压泵虹吸肥料溶液进入输水管道，后给肥系统是在增压泵后端连接溶肥罐，通过管道水压调节将肥料溶液注入输水管道。

（5）滴灌系统：主要由滴灌带和连接旁通阀组成，一般采用 16 mm 内镶贴片式滴灌带及部件，孔距根据播种行距和土壤水分渗透力决定，土壤水分渗透力强，播种行距大，滴灌带孔距减小，或每垄安装两条滴灌带。

（6）水分监测系统：主要包括土壤水分监测仪及相关设备，有条件的基地可安装物联网设备进行控制。

以灌溉面积在 100 亩以内，水源点落差不超过 20 m 的基地建设为例。贮水系统：需要修建蓄水池 1 000 ~ 2 000 m³，有水源补充。输水系统：增压泵选用低扬程、大流量 7.5 kW 三相异步电机，满负荷能够提供 0.2 MP 压强，工作流量分别为 50 m³/h；分 10 个灌溉单元，每个灌溉单元面积 5 亩，主管道选用 DN110PE 或 PVC 管道，支线管道统一使用 DN63 管道，主管道区间控制阀采用 DN110 蝶阀，单元控制阀采用 DN63 控制阀。过滤系统：安装 6 组并联叠片式过滤。施肥系统：前端给肥可修建 5 ~ 10 m³ 溶肥池，也可采用溶肥桶（0.1 ~ 0.2 m³），后端给肥采用 0.5 ~ 1.0 m³ 的调压式施肥罐，根据施肥量溶肥。滴灌系统：选用 16 mm 内镶贴片式，滴孔间距 20 cm，亩用量 600 m，单孔流量为 2 L/h，达到额定工作压力每亩滴水量为 6.0 m³/h。水分监测系统：采用土壤水分张力计进行监测。

5. 盖膜覆土保墒抑草技术

1）技术要点

（1）高垄双行播种。按 1.0 ~ 1.2 m 宽垄，垄高 30 ~ 40 cm，垄顶宽 20 ~ 25 cm，垄内行距 20 ~ 25 cm，株距 30 ~ 35 cm，播种密度 4 000 ~ 5 000 粒。

（2）适当深播。调节播种机播种深度，播种深度 15 ~ 20 cm。

（3）宽膜覆盖。一般采用宽幅 1.0 ~ 1.2 m 地膜，厚度 0.01 mm，以黑色地膜为佳。

（4）膜面覆土。盖膜后膜面覆土 3 ~ 5 cm。

2）技术优点

（1）技术过程可通过机械化一次性作业完成。

（2）免中耕培土。增加耕层深度，增强土壤保肥保水能力，达到节水节肥效果，并可实现全生育期免培土。

（3）保墒抑草。适当宽膜＋黑色地膜，能够将垄的两侧面全部覆盖，将水分全部封闭在膜内，不外渗到垄沟内，膜内土壤含水量高，适宜冬马铃薯的生长发育，膜外土壤墒情低，抑制了田间杂草种子萌发，田间无杂草。

（4）自动出苗。播种覆膜后，在膜上覆土 3～5 cm，薯苗自动出土，不需要人工破膜引苗。

（5）机收条件下地膜破损率低，回收率高。

6. 氮钾肥平衡施用

1）技术要点

（1）整地播种时亩施用 N－P$_2$O$_5$－K$_2$O 为 15－15－15 的硫基复合肥 60～80 kg。

（2）分别在马铃薯苗期、初花期各通过水肥一体化系统追施尿素 5.0 kg/亩，薯块膨大期追施尿素 5 kg，硫酸钾 5 kg。

2）技术优点

（1）有针对性地改变攀西地区冬马铃薯栽培只施基肥，不追肥的问题。

（2）根据马铃薯各生育期对需肥规律依次追肥，施肥更加科学合理。

（3）大幅度节省肥料施用量。

（4）马铃薯提苗快，生长量大，产量高。

7. 有害生物植物源诱杀防治技术

攀西地区冬马铃薯因气候干燥，病害发生相对较轻，虫害发生较重。小地老虎和拟步甲是主要害虫，尤其是拟步甲，在播种至出苗期，危害较重，项目通过试验，研究出专门针对拟步甲的防治技术——植物源诱杀防治技术。

1）技术要点

（1）诱杀时期：出苗期至苗期。

（2）材料准备。诱杀药剂：取 5% 高效氯氟氰菊酯（或 450 g/L 毒死蜱）；诱杀植物：莲花白（蓝花子苗或火麻子苗）；诱杀装置：直径 10 cm 花盆托盘，边长 30 cm × 30 cm 的纸板，沿中线折叠成瓦拱状。

（3）诱杀毒饵制作。取莲花白（蓝花子苗或火麻子苗）5 kg，切成 5～10 cm 大小碎片；取高效氯氟氰菊酯 10 mL，稀释 100 倍，与莲花白碎片喷撒、混拌均匀备用。

（4）毒饵田间投放。亩取花盆托盘 20 个，每个装入毒饵 250 g，并倒入药液 30～50 mL（药液为制作毒饵多余渗出部分），均匀置放于田间垄沟内，每 30 m^2 放置 1 个，上盖折叠纸板，纸板沿垄两侧用土压实，留垄沟（与垄沟平行）两侧通道。

2）技术优点

（1）充分利用拟步甲的趋性和危害特点集中诱杀。芳香烃物质趋性：拟步甲对甘蓝、蓝花子、火麻子等诱集植物体内芳香烃物质具有强烈趋性。绿色植物趋性：拟步甲旱季对绿色植物具有强烈的趋性。群居性和集中取食性：拟步甲具有群居性和集中取食性；避光趋阴：拟步甲活动规律为白天在土块或周边石块、杂物下躲藏或取食，日落后大量活动，集中取食。

（2）成本低，材料易得。

（3）诱饵保鲜时间长，延长诱杀时间。采用花盆托盘分装毒饵，盘内注入 30～50 mL 毒液，并加盖纸板遮盖，避免太阳光照射和风吹而快速干燥，诱饵保鲜时间可长达 4～5 天。

（4）省药省工，投入少，效果显著。

8. 无人机高效喷药防控技术

1）技术要点

（1）病虫害发生趋势预测。根据攀西地区的气候特点、病（虫）原指数及流行规律、马铃薯品种的抗病性、种子级代等指标，对病虫害发生趋势进行预测。虫害有小地老虎、拟步甲、蚜虫、美洲斑潜蝇、马铃薯块茎蛾、叶蝉、小长蝽、二十八星瓢虫、白粉虱等；病害种类有：马铃薯青枯病、马铃薯枯萎病、马铃薯早疫病、马铃薯晚疫病、马铃薯黑茎病等。

（2）精选高效低毒农药。针对不同病虫害，精选高效低毒农药，减少常规农药品种，尽量采用复配高效农药种类，减少用药量。

（3）交替用药。减少病虫害对同一种药剂产生抗性，提高防效。

（4）无人机高效喷药。药液配制：按照防治对象及防治面积计算用药量。以防治马铃薯晚疫病为例，选用药剂为 500 g/L 福帅得，一次亩用量为 25 mL，无人机一次负载 10 kg，起飞一次防治 5 亩，用药量 125 mL，稀释倍数为 80～100 倍。起飞前检查：检查电池及备用电池是否充足电，无人机和控制器是否安装好电池，启动无人机，检查操控性能和飞行是否正常；药箱装少量清水，启动喷药控制按钮，检查喷药系统是否正常。参数调整：按照每次起飞喷药 5 亩，喷药续航 10 分钟，喷药宽幅 5 m 计算，需要调整药液流量 16.7 mL/s，控制飞行速度 1.0～1.2 m/s。田间喷药：在田块周边选定好无人机起飞平台，罐装好药液，起飞无人机到指定喷药田块，调整无人机高度为距离马铃薯高度 3～4 m，打开喷药系统按照调整参数进行喷药。

2）技术优点

喷药效率高、雾化程度高、防治效果好、防治成本低；省药、省工、省力、安全。

(二) 玉米田间节水节肥节药栽培技术模式

1. 整地炕土

冬马铃薯收获后，及时进行整地，用中型旋耕机深翻土壤 25～30 cm，同时将冬马铃薯秸秆打碎还田。确定好玉米播种密度及时开挖播种穴，晾晒半月左右，让播种穴内土壤充分干燥。

2. 选用高产抗旱耐瘠品种

项目经过试验，筛选出了适宜攀西地区红壤平坝区的高产抗旱耐瘠品种先玉 1171、华玉 13、华龙玉 998、中玉 335，适宜攀西地区山区种植的玉米品种高玉 909、西抗 18、中玉 335、屯玉 27 等。

3. "三干"直播

根据攀西地区气候特点，夏玉米采用"三干"直播，"三干"即干土、干种子、干肥料。在雨季来临之前 5～10 天是"三干"直播的最佳时期，需密切关注天气变化，及时播种，正常年份，播种期为 5 月 15 日前后，5 月下旬雨季来临。

4. 覆膜集雨

采用地膜覆盖或窝塘集雨技术。平地地膜覆盖选用宽幅为 90 cm、厚度为 0.008 mm 的地膜；窝塘集雨地膜覆盖采用宽幅为 120 cm 的地膜，先挖好播种穴，施入底肥后覆盖地膜，覆膜要松，在播种穴上用少量土压膜形成窝塘。两种方式均用播种器刺破地膜播种，形成漏斗状，有利于将有限的降雨集中供给种子萌芽。

5. 增密保苗

适当增加播种密度，采用宽窄行播种，株行距为（80 cm＋40 cm）×40～45 cm，亩播种穴为 2 250～2 500 穴，双株留苗，有效株数确保 4 500～5 000 株，播种深度 5 cm。

6. 增碳减氮、稳磷增钾

适当减少氮肥施用量，稳定磷肥施用量，适当增加钾肥施用量，控制 N、P_2O_5、K_2O 亩用量在 20 kg、6 kg、6 kg。采用 1＋1 施肥技术模式，1 次底肥：播种时亩施用农家肥 500～1 000 kg，施用 $N-P_2O_5-K_2O$ 比例为 15－15－15 的缓释复合肥 40 kg；1 次追肥：大喇叭口期亩追施尿素 30 kg。

7. 病虫草害防治

关键时期防草：芽前防草，雨后杂草 3～5 叶期，及时采用 48% 硝磺·异丙·莠（玉罗莎）悬浮剂 150 mL/亩或用烟嘧·莠去津 20% 可分散油悬浮剂 100 mL/亩防除。

重要时期防虫：大喇叭口期密切关注病虫害发生情况，若发生蚜虫危害，可用 5%

吡虫啉 30 mL/亩进行防治。

三、特点与创新点

（一）模式特点

1. 规模化

该技术模式适宜建设生产基地，进行规模化、集约化生产。冬马铃薯可根据鲜食、加工的不同用途，按照市场需求选择生产品种，攀西地区冬马铃薯收获期为 3 ~ 5 月，全国加工型马铃薯原料紧张，市场缺口较大，因此攀西地区加工型马铃薯规模化生产的潜力巨大。项目以优质薯片专用加工型品种大西洋为生产品种，引进生产企业在四川省会理县绿水镇、黎溪镇建立冬马铃薯生产基地 2 000 余亩，冬马铃薯年产量达 5 000 余吨，夏玉米年产量 1 000 余吨。

2. 标准化

通过对生产技术环节进行研究，制定冬马铃薯和夏玉米规范化的栽培技术手册，进行标准化生产。冬马铃薯生产从品种筛选、种子处理、播种要求、种植密度、水肥管理、收获指标、产品质量要求等各方面均按照标准化、规范化生产；夏玉米也实现了各项技术的规范化栽培。

3. 机械化

根据技术要求，筛选适宜的农用机械，进行机械化生产。基地冬马铃薯生产从整地、播种、起垄、铺设滴灌带、覆膜、上厢，到喷药和收获，均全程实现了机械化；夏玉米除覆膜和施肥，也可实现机械化生产。

4. 绿色化

技术模式通过采用病虫害趋势预防、精准选药、交替用药、筛选高效低毒农药、关键时期用药等技术措施，减少农药使用量，并采用无人机高效防控技术和有害生物植物源诱杀技术，提高病虫害防治效果，减少农药残留，实现绿色化生产。所生产的冬马铃薯原料经过检测达到了企业标准。

5. 节约化

冬马铃薯生产采用全程机械化和水肥一体化技术，夏玉米栽培采用"三干"直播，覆膜集雨，平衡施肥等技术，实现节水节肥节药。

6. 商品化

模式采用专用加工薯品种，为加工企业订单生产，马铃薯商品薯率高达 95% 以上；品质优，干物质含量高达 22%，还原糖含量低于 0.2%，薯片加工破损率低于 15%，远高于企业生产标准。

（二）创新点

1. 生产模式创新

开创了攀西地区冬闲土地冬马铃薯—夏玉米周年轮作种植模式，充分利用本区域冬季丰富的光热资源。

2. 生产方式创新

筛选出了适合攀西地区冬马铃薯全程机械化栽培的配套设备，实现了全程机械化生产。

3. 生产技术创新

（1）首次在攀西地区引入了冬马铃薯高垄双行膜下滴灌水肥一体化技术，在水资源的存贮、输送、灌溉、管理等各个环节均有不同程度的创新，开创了四川攀西地区节水农业的新高度，并达到全程机械化生产。修建蓄水池首次引入复合土工膜 HDPE 热熔焊接技术；水源输送设备与装置创新应用了远程遥控区间控制系统，过滤系统采用多管串并联自动清洗装置，灌溉在仪器（张力计）监测下实现可控精量滴灌，水分管理按照冬马铃薯各生育期对水分的需求进行定量科学分配，大大提升了水资源的利用效率，并为普通农户小规模水肥一体化种植提供施肥系统的优化解决方案。

（2）组装集成了适宜攀西地区夏玉米节水节肥节药的生产技术模式。该模式通过秸秆还田改良土壤，高产抗旱耐瘠品种节水节肥，"三干"直播简化播种，增密保苗促高产，减氮、稳磷、增钾、省肥、节劳，覆膜、集雨、抗旱、保墒，芽前防草低药高效，重点防虫减损失，窝塘集雨及地膜覆盖栽培技术，有效地解决了本区域夏玉米出苗期干旱及后期伏旱的关键技术难题；合理应用缓控施肥技术，改"1＋2"施肥方式为"1＋1"施肥方式，减少了施肥次数，降低了人工成本。

4. 生产机制创新

（1）组织结构模式与机制：政府＋企业＋科研项目（科研单位）。

（2）运营模式与机制：订单农业＋土地流转＋绿色生产。

（3）生产模式与机制：企业＋农户或基地＋农户。

（4）供需模式与机制：供给侧结构改革推动＋市场需求拉动＋精准扶贫互动。

（5）耕作模式：冬马铃薯—夏玉米周年轮作复合模式，干旱区冬闲土地综合利用。

四、应用与效果

（一）应用

该技术模式在四川省会理县绿水镇和黎溪镇建立示范基地 2 500 亩，示范带动攀西地区种植面积 1 000 亩，2015—2019 年累计示范面积 10 000 亩。该技术模式于 2019 的 4 月 23 日通过了四川省农业农村厅组织专家进行的现场验收。

（二）效果

攀西地区冬马铃薯—夏玉米周年轮作模式 2017—2019 年，3 个年平均亩产冬马铃薯商品薯 2 291.24 kg 和夏玉米 629.94 kg，分别较传统技术模式增产 23.21% 和 21.75%，两季产量 2 921.18 kg/亩，较传统模式增产 22.90%。与传统技术模式相比，该技术模式全年亩节水量 699.5 m³/亩，节约 55.82%；亩节肥量（有效养份）31.00 kg，节约 29.27%；亩减少农药用量（折百量）227.84 g（或 mL），节约 41.10%。

五、当地农户种植模式要点

（一）当地农户冬马铃薯种植技术模式

（1）整地：小型旋耕机松土，人工或小型农机开厢，厢宽 0.9～1.2 m。

（2）底肥：攀西地区马铃薯种植农户施用底肥以农家肥、过磷酸钙和复合肥为主，平均亩施农家肥 1 100 kg/亩，过磷酸钙 66.8 kg/亩，三元素复合肥（总养分 25%）40.2 kg，果蔬专用复合肥（总养分 45%）68.4 kg，亩施用烟草专用复合肥（总养分 45%）15.6 kg，亩施肥尿素 0.6 kg。

（3）播种：人工播种，亩播种量 200～300 kg，播种后起垄 15～20 cm，加盖地膜，膜上不覆土或少量覆土。

（4）灌水：采用沟漫灌，全生育期灌水 10～15 次，平均为 12.3 次，每次灌水量 50～80 m³/亩，平均为 65 m³/亩，全生育期灌水量 799.5 m³/亩。

（5）中耕培土：结合追肥中耕培土 1～2 次。

（6）病虫害防控：攀西地区冬春季气候干燥，冬马铃薯病害相对较轻，重点预防种子带病和感病，苗期预防青枯病和枯萎病，结薯期防治枯萎病，预防早、晚晚疫病，薯块膨大期防治晚疫病。虫害发生较重，播种至出苗期，主要防治小地老虎、金针虫和拟步甲；苗期至薯块膨大期，重点防治美洲斑潜蝇、蚜虫、马铃薯块茎蛾、叶蝉、小长蝽、二十八星瓢虫等。平均每户农户用药 3～5 次，亩用量达 715 g（或 mL），折合标准用量 327.79 g，用药成本 101.90 元。

（7）追肥：全生育期追肥 1~2 次，平均追施尿素 10.6 kg/亩，碳酸氢铵 5.4 kg/亩，其他肥料 0.5 kg/亩。

（8）收获：人工收获。

（9）产量：经调查，攀西地区农户种植马铃薯平均产量为 2 136 kg/亩。

（二）当地农户夏玉米生产模式要点

（1）整地：采用小型旋耕机耕地 20~25 cm。

（2）播种：播种时间为 4 月下旬至 5 月上中旬，采用宽窄行播种或等行播种，播种密度为每亩 2 000~2 250 穴，4 000~4 500 株。

（3）施肥：农户普遍采用 1+2 施肥方式，1 次底肥亩施用农家肥 500~1 000 kg + 过磷酸钙 50~75 kg，2 次追肥分别在拔节期和灌浆期追施尿素 60~80 kg，部分农户施用少量复合肥 15~20 kg + 尿素 50~70 kg。

（4）病虫草害防治：苗期药剂除草 1 次除草，亩用乙草胺 90%（乳油）150 mL，大喇叭口期药剂除草 1 次，亩用乙草胺 90%（乳油）100 mL。生育期内防治虫害 1~2 次，亩用 5% 吡虫啉乳油或 % 啶虫脒乳油 30 mL。

六、节水节肥节药效果分析

（一）节水效果分析

攀西地区冬马铃薯—夏玉米周年轮作复合模式冬马铃薯水肥一体化用水量为 150.00 m³/亩，传统栽培技术模式生产亩用水量为 799.50 m³/亩，节水量为 649.50 m³/亩，节约用水 81.24%。夏玉米集成模式生产用水量为 403.56 m³/亩，常规生产亩用水量为 453.56 m³/亩，节水 11.02%。周年轮作复合模式全年用水量为 553.56 m³/亩，传统技术模式用水量为 1 253.06 m³/亩，节水 699.50 m³/亩，节约 55.82%，见表 1。

表 1 节水效果统计表

种植制度	类别	技术模式	用水量		
			（m³·亩⁻¹）	对比 ±	节约/%
单一种植	冬马铃薯	集成模式	150.00	−649.50	81.24
		传统模式	799.50	0.00	
	夏玉米	集成模式	403.56	−50.00	11.02
		传统模式	453.56	0.00	
周年轮作	冬马铃薯 + 夏玉米	集成模式	553.56	−699.50	55.82
		传统模式	1 253.06	0.00	
一年一作	夏玉米	传统模式	453.56		

（二）节肥效果分析

周年轮作复合模式冬马铃薯全生育期施肥量为 42.90 kg/亩（以下均为有效养分），传统栽培技术模式施肥量为 62.34 kg/亩，节肥量为 19.44 kg/亩，节约 31.18%。夏玉米集成模式施肥量为 32.00 kg/亩，传统栽培模式施肥量为 43.56 kg/亩，节肥 26.54%。全年施肥量为 74.90 kg/亩，传统技术模式全年施肥量为 105.90 kg/亩，节肥 31.00 kg/亩，节约 29.27%，见表 2 和附表 3。

表 2　节肥效果统计表

种植制度	类别	技术模式	施肥量		
			（kg·亩$^{-1}$）	对比 ±	节约/%
单一种植	冬马铃薯	集成模式	42.90	−19.44	31.18
		传统模式	62.34	0.00	
	夏玉米	集成模式	32.00	−11.56	26.54
		传统模式	43.56	0.00	
周年轮作	冬马铃薯 + 夏玉米	集成模式	74.90	−31.00	29.27
		传统模式	105.90	0.00	
一年一作	夏玉米	传统模式	43.56		

（三）节药效果分析

本技术模式冬马铃薯栽培用药量为 252.95 g（或 mL）/亩（折百量）（表 3 和附表 4），传统栽培技术模式施药量为 327.79 g（或 mL）/亩（表 3 和附表 5），亩减少施药量 74.84 g（或 mL），节约 22.83%。夏玉米集成模式施药量为 73.50 g（或 mL）/亩，传统栽培模式施药量为 226.50 g（或 mL）/亩，节省 153.00 g（或 mL）/亩，节约 67.55%。全年施药量 326.45 g（或 mL）/亩，传统技术模式全年施肥量为 554.29 g（或 mL）/亩，节省用量 227.84 g（或 mL）/亩，节约 41.10%。

表 3　节药效果统计表

种植制度	类别	技术模式	施药量		
			（g 或 mL）/亩	对比 ±	节约/%
单一种植	冬马铃薯	集成模式	252.95	−74.84	22.83
		传统模式	327.79	0.00	
	夏玉米	集成模式	73.50	−153.00	67.55
		传统模式	226.50	0.00	
周年轮作	冬马铃薯 + 夏玉米	集成模式	326.45	−227.84	41.10
		传统模式	554.29	0.00	
一年一作	夏玉米	传统模式	226.50		

（四）节约成本分析

本技术模式冬马铃薯栽培亩成本投入为 1 675.00 元（其中劳动力投入 324.00 元，

农用物资投入 1 351.00 元），传统栽培技术模式亩成本投入 2 163.00 元（其中劳动力投入 1 050.00 元，农用物资投入 1 113.00 元），亩减少成本 488.00 元。夏玉米集成模式亩成本投入 979.00 元（其中劳动力投入 660.00 元，农用物资投入 319.00 元），传统栽培模式亩成本投入 1 173.00 元（其中劳动力投入 840.00 元，农用物资投入 333.00 元），亩减少投入 194.00 元。周年轮作全年亩成本投入 2 654.00 元（其中劳动力投入 984.00 元，农用物资投入 1 670.00 元），传统技术模式全年亩成本投入 3 336.00 元（其中劳动力投入 1 890.00 元，农用物资投入 1 446.00 元），亩节省 682.00 元（其中劳动力节省 906.00 元，农用物资增加 224.00 元），见表4、附表1和附表2。

表4 节约成本统计表

种植制度	类别	技术模式	成本投入			劳动力投入			物资投入		
			（元·亩⁻¹）	对比 ±	节约/%	（元·亩⁻¹）	对比 ±	节约/%	（元·亩⁻¹）	对比 ±	节约/%
单一种植	冬马铃薯	集成模式	1 675.00	−488.00	22.56	324.00	−726.00	69.14	1 351.00	238.00	−21.38
		传统模式	2 163.00	0.00		1 050.00	0.00		1 113.00	0.00	
	夏玉米	集成模式	979.00	−194.00	16.54	660.00	−180.00	21.43	319.00	−14.00	4.20
		传统模式	1 173.00	0.00		840.00	0.00		333.00	0.00	
周年轮作	冬马铃薯+夏玉米	集成模式	2 654.00	−682.00	20.44	984.00	−906.00	47.94	1 670.00	224.00	−15.49
		传统模式	3 336.00	0.00		1 890.00	0.00		1 446.00	0.00	
一年一作	夏玉米	传统模式	1 173.00			840.00			333.00		

（五）产出分析

根据项目2016—2018年连续3年连续测产，周年轮作复合模式冬马铃薯商品薯平均亩产量为 2 291.24kg，传统栽培技术模式平均亩产量为 1 859.56kg，增产23.218%。夏玉米集成模式平均亩产量为629.94kg，传统栽培模式平均亩产量为517.39kg，增产21.75%。周年轮作冬马铃薯商品薯+玉米平均亩产量为 2 921.18kg，较传统技术模式增产22.90%，见表5。

表5 产量统计表

种植制度	类别	技术模式	亩产量		
			（kg·亩⁻¹）	对比 ±	节约/%
单一种植	冬马铃薯	集成模式	2 291.24	431.68	23.21
		传统模式	1 859.56	0	0.00
	夏玉米	集成模式	629.94	112.55	21.75
		传统模式	517.39	0	0.00
周年轮作	冬马铃薯+夏玉米	集成模式	2 921.18	544.23	22.90
		传统模式	2 376.95	0	0.00
一年一作	夏玉米	传统模式	517.39		

（六）产值收益分析（表6）

按照加工企业对商品薯收购价 2.00 元/kg，玉米市场价格 2.30 元/kg 计算，周年轮作复合模式冬马铃薯平均亩产值为 4 582.48 元，传统栽培技术模式马铃薯亩产值为 3 719.12 元，亩增收 863.36 元。夏玉米集成模式平均亩产值为 1 448.86 元，传统栽培模式夏玉米平均亩产值为 1 190.00 元。周年轮作冬马铃薯商品薯＋玉米平均亩产值为 6 031.34 元，较传统技术模式增收 1 122.23 元。

亩纯收益：单一种植冬马铃薯集成模式亩纯收益 2 907.48 元，夏玉米亩纯收益 469.86 元；传统栽培技术模式冬马铃薯亩纯收益 1 556.12 元，夏玉米亩纯收益 17.00 元；周年轮作复合模式亩纯收益 3 377.34 元，传统模式亩纯收益 1 573.12 元，亩纯收益增加 1 804.25 元。

节本增效：冬马铃薯集成技术模式亩节本增效 1 531.36 元，夏玉米亩节本增效 452.97 元，周年轮作复合模式亩节本增效 1 804.33 元。

表6　产值收益统计表

| 种植制度 | 类别 | 技术模式 | 亩产值 | | 纯收益/ | 亩节支/ | 亩节本增效/ |
			(元·亩$^{-1}$)	对比 ±	(元·亩$^{-1}$)	(元·亩$^{-1}$)	(元·亩$^{-1}$)
单一种植	冬马铃薯	集成模式	4 582.48	863.36		2 907.48	488.00	1 351.36
		传统模式	3 719.12	0.00		1 556.12	0.00	0.00
	夏玉米	集成模式	1 448.86	258.87		469.86	194.10	452.97
		传统模式	1 190.00	0.00		17.00	0.00	0.00
周年轮作	冬马铃薯＋夏玉米	集成模式	6 031.34	1 122.23	4 841.35	3 377.34	682.10	1 804.33
		传统模式	4 909.12	0.00	—	1 573.12	0.00	0.00
一年一作	夏玉米	传统模式	1 190.00		0.00	17.00	—	0.00

七、攀西地区冬马铃薯田间节水节肥节药生产技术模式

详见图2。

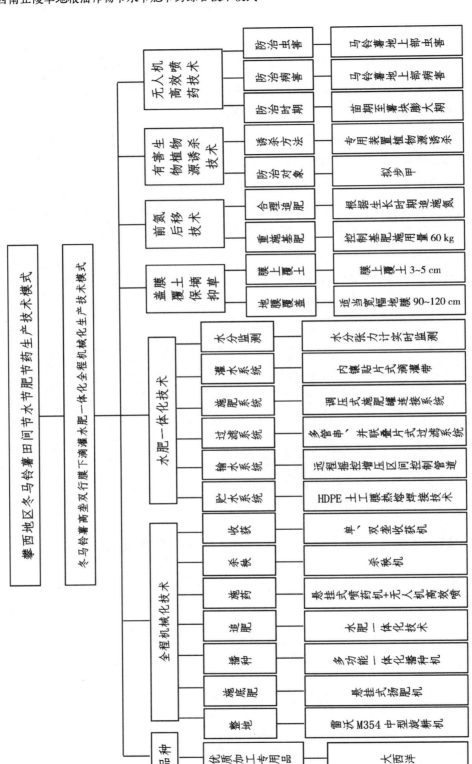

图 2 技术模式图

附表 1　集成技术模式与常规技术模式投入产出对照表

模式环节	使用设备与技术 集成模式	使用设备与技术 农户	设备投入 集成模式 设施设备总投入	设备投入 集成模式 年度投入	设备投入 农户 设施设备总投入	设备投入 农户 年度投入	年度工耗投入/L、天、度、万元 集成模式 机械工作日	集成模式 油(电)耗	集成模式 金额/万元	农户 机械工作日	农户 油耗	农户 金额/万元	用工投入/万元 集成模式 用工量	集成模式 金额	农户 用工量	农户 金额	合计 集成模式	合计 农户
整地	中型旋耕机	微耕机	3.20	0.32	2.50	0.25	5	300 L	0.20	40	600L	0.41	10	0.10	25	0.25	0.62	0.91
施底肥	扬肥机	人工	0.10	0.01	0.00	0.00	2	120 L	0.08	0	0	0.00	6	0.06	25	0.25	0.15	0.25
播种	播种机	人工	1.50	0.15	0.00	0.00	10	600 L	0.41	0	0	0.00	50	0.50	200	2.00	1.06	2.00
苗期管理	自动出苗	人工	0.00	0.00	0.00	0.00	0	0	0.00	0	0	0.00	0	0.00	50	0.50	0.00	0.50
水肥管理	水肥一体化	人工	10.00	1.00	0.00	0.00	50	3 000度	0.18	0	0	0.00	100	1.00	250	2.50	2.18	2.50
中耕除草	保墒抑草	人工	0.00	0.00	0.00	0.00	0	0	0.00	0	0	0.00	0	0.00	100	1.00	0.00	1.00
病虫害防治	打药机	喷雾器	0.10	0.01	0.10	0.01	5	300 L	0.20	0	0	0.00	10	0.10	100	1.00	0.31	1.01
病虫害防治	无人机	喷雾器	6.50	0.65	0.00	0.00	5		0.00	0	0	0.00	10	0.10	0	0.00	0.75	0.00
病虫害防治	植物源诱集	喷雾器	0.00	0.20	0.00	0.00	0		0.00	0	0	0.00	15	0.15	0	0.00	0.35	0.00
收获	杀秧机	人工	0.20	0.02	0.00	0.00	3	180 L	0.12	0	0	0.00	3	0.03	0	0.00	0.17	0.00
收获	收获机	人工	0.30	0.03	0.00	0.00	10	600 L	0.41	0	0	0.00	100	1.00	300	3.00	1.44	3.00
合计			21.90	2.39	2.60	0.26	90	0	1.61	40	0	0.41	304	3.04	1 050	10.50	7.04	11.17

注：以 100 亩为计算单位，设备折旧按 10 年计。折算金额计价：柴油 6.80 元/L、人工 100 元/天、电价 0.60 元/度，水价 0.15 元/m³。

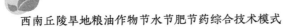
附表 2　集成技术模式与常规技术模式投入产出统计表

类别	分类投入	集成模式 数量	单价（元/单位）	金额（元）	年投入（元）	小计	农户 数量	单价（元/单位）	金额（元）	年投入（元）	小计	备注
设施设备投入	拖拉机/台	1.00	30 000.00	30 000.00	3 000.00	21 900.00	0.00	0.00	0.00	0.00	2 600.00	以100亩为计算单位，年投入按照10年折旧
	旋耕机/台	1.00	2 000.00	2 000.00	200.00		5.00	5 000.00	25 000.00	2 500.00		
	扬肥机/台	1.00	1 000.00	1 000.00	100.00		0.00	0.00	0.00	0.00		
	播种机/台	1.00	15 000.00	15 000.00	1 500.00		0.00	0.00	0.00	0.00		
	喷药机/台	0.00	1 000.00	1 000.00	100.00		0.00	0.00	1 000.00	100.00		
	喷雾器/台	1.00	2 000.00	2 000.00	200.00		5.00	200.00	1 000.00	100.00		
	杀秧机/台	1.00	3 000.00	3 000.00	300.00		0.00	0.00	0.00	0.00		
	收获机/台	1.00	65 000.00	65 000.00	6 500.00		0.00	0.00	0.00	0.00		
	无人机/台	1.00	100 000.00	100 000.00	10 000.00		0.00	0.00	0.00	0.00		
	水肥一体化设施											
燃料动力投入	柴油/L	2 100.00	6.80	14 280.00	14 280.00	16 080.00	600.00	6.80	4 080.00	4 080.00	4 080.00	
	电/度	3 000.00	0.60	1 800.00	1 800.00		0.00	0.00	0.00	0.00		
物资投入	种子/kg	20 000.00	2.00	40 000.00	40 000.00	40 000.00	20 000.00	2.00	40 000.00	40 000.00	40 000.00	以100亩为计算单位，无折旧
	地膜/kg	500.00	15.00	7 500.00	7 500.00	7 500.00	500.00	15.00	7 500.00	7 500.00	7 500.00	
	滴灌带/m	60 000.00	0.15	9 000.00	9 000.00	9 000.00	0.00	0.00	0.00	0.00	0	
	肥料/kg	4 275.00	5.38	22 999.50	22 999.50	23 000.00	6 101.80	5.56	33 926.01	33 926.01	33 900.00	
	农药/kg	28.86	289.38	8 351.51	8 351.51	8 350.00	32.78	310.87	10 190.32	10 190.32	10 190.00	
	其它材料/亩	100.00	20.00	2 000.00	2 000.00	2 000.00	0.00	0.00	0.00	0.00	0	
水费投入	水/m³	15 000.00	0.15	2 250.00	2 250.00	2 250.00	79 950.00	0.15	11 992.50	11 992.50	11 992.50	
用工投入	人工/天	304.00	100.00	30 400.00	30 400.00	30 400.00	1 050.00	100.00	105 000.00	105 000.00	105 000.00	
维护投入	材料/亩	100.00	50.00	5 000.00	5 000.00	7 000.00	100.00	10.00	1 000.00	1 000.00	1 000.00	
	人工/（天·亩⁻¹）	20.00	100.00	2 000.00	2 000.00		0.00	0.00	0.00	0.00		
合计				364 581.01	167 481.01	167 500.00			239 688.83	216 288.83	216 288.00	

附表 3　集成模式与常规种植肥料施用情况对照表

肥料种类	总养分含量 /%	N-P₂O₅-K₂O 比例	价格 /(元·kg⁻¹)	施用量/kg 集成模式	施用量/kg 农户	N-P₂O₅-K₂O总量比例 集成模式	N-P₂O₅-K₂O总量比例 农户	总养分施用量/kg 集成模式	总养分施用量/kg 农户	金额/元 集成模式	金额/元 农户	备注
农家肥		0-12.0-0		0.00	1 100.00			0.00	0.00	0.00	0.00	
过磷酸钙	12.00		0.52	0.00	66.80		0-8.02-0	0.00	8.02	0.00	34.74	
三元素复合肥	25.00	13.0-5.0-7.0 13.0-6.0-6.0	1.60	0.00	40.20		5.24-2.40-2.42	0.00	10.05	0.00	64.32	
果蔬专用复合肥	45.00	15.0-15.0-15.0	2.50	80.00	68.40	12.0-12.0-12.0	10.26-10.26-10.26	36.00	30.78	200.00	171.00	
烟草专用肥	45.00	10.0-10.0-25.0	2.70	0.00	15.60		1.56-1.56-3.90	0.00	7.02	0.00	42.12	
尿素	46.00	46.0-0-0	2.00	15.00	11.20	6.9-0-0	5.15-0-0	6.90	5.15	30.00	22.40	
碳酸氢铵	17.00	17.0-0-0	0.70	0.00	5.40		0.93-0-0	0.00	0.92	0.00	3.78	
其他	80.00		2.00	0.00	0.50		0-0.21-0.17	0.00	0.40	0.00	1.00	磷酸二氢钾
合计				95.00	1 308.10	18.9-12.0-12.0	23.14-22.45-16.75	42.90	62.34	230.00	339.36	

附表 4　集成模式药剂防控用量情况表

生育期	施药时间	防治对象	施药种类及剂型	规格	单价/（元·袋⁻¹或瓶）	施用方法	用量/mL 或 g	成本/元	有效成分含量	折合标准用量
播种期	12月中下旬至1月上旬	枯萎病、软腐病、炭疽病、金针虫	硫酸链霉素	15 g/袋	15.00	种子拌种	30.00	6.00	农用链霉素72%	21.60
			甲霜锰锌	1000 g/袋	80.00	种子拌种	180.00	16.00	代森锰锌48%、10%甲霜灵	104.40
			毒死蜱（乳油）	500 mL/瓶	30.00	地下沟施	150.00	9.00	毒死蜱45%	67.50
苗期	1月下旬至2月上中旬	小地老虎、拟步甲	高效氯氟氰菊酯	80 mL/瓶	10.00	喷雾	10.00	1.25	高效氯氟氰菊酯4.5%	0.45
花期	2月中下旬至3月上中旬	美洲斑潜蝇、叶蝉、小长蝽、蚜虫、瓢虫	M-45 80%大生	200 g/袋	20.00	喷雾	30.00	6.00	代森锰锌80%	24.00
			吡虫啉（乳油）	10 g/袋	2.00	喷雾	30.00	6.00	吡虫啉5%	1.50
薯块膨大期	3月中下旬至4月中下旬	早、晚疫病，美洲斑潜蝇、叶蝉、蚜虫、小长蝽、瓢虫	50%氟啶胺（悬乳剂）	100 mL/瓶	40.00	喷雾	30.00	12.00	氟啶胺50%	15.00
			氰霜唑	15 g/袋	3.00	喷雾	45.00	9.00	10%氰霜唑	4.50
			52.5%噁酮.霜脲氰（悬浮剂）	10 g/袋	3.00	喷雾	20.00	6.00	30%烯酰恶唑、22.5%乙霉威	10.50
			啶虫脒（乳油）	50 mL/瓶	12.00	喷雾	25.00	6.00	啶虫脒5%	1.25
			高效氯氟氰菊酯	80 mL/瓶	10.00	喷雾	50.00	6.25	高效氯氟氰菊酯4.5%	2.25
合计							600.00	83.50	0.00	252.95

附表 5　攀西地区冬马铃薯农户常规栽培病虫害防控情况表

生育期	施药时间	防治对象	施药药类及剂型	规格及单价	单价/(元·袋⁻¹或瓶)	施用方法	农户用量/mL或g	农户成本/元	有效成分含量	折合标准用量
播种期	11月中下旬至1月上旬	杂草、枯萎病、青枯病、疮痂病、软腐病、环腐病、炭疽病、金针虫	乙草胺(粉剂)	100mL/瓶	6.00	喷雾	75.00	4.50	乙草胺50%	37.50
			农用链霉素(粉剂)	15g/袋	3.00	种子拌种	30.00	6.00	农用链霉素72%	21.60
			甲基硫菌灵(可湿性粉剂)	100g/袋	10.00	种子处理	50.00	5.00	甲基硫菌灵70%	35.00
			代森锰锌(可湿性粉剂)	200g/袋	25.00	种子处理	30.00	3.75	代森锰锌80%	24.00
			毒死蜱(乳油)	500mL/瓶	30.00	播种沟	100.00	6.00	毒死蜱45%	45.00
苗期	12月中旬	枯萎病、青枯病、小地老虎、拟步甲	多菌灵(可湿性粉剂)	100g/袋	10.00	喷雾	50.00	5.00	多菌灵80%	40.00
			烯酰·中生(可湿性粉剂)	20g/袋	5.00		30.00	7.50	中生菌素3%烯酰吗啉22%	7.50
			高效氯氟氰菊酯	80mL/瓶	10.00		30.00	3.75	高效氯氟氰菊酯4.5%	1.35
花期	2月中下旬	早、晚疫病、枯萎病、美洲斑潜蝇、块茎蛾、蚜虫、叶蝉、小长蝽、瓢虫、白粉虱	代森锰锌(可湿性粉剂)	200g/袋	25.00	喷雾	60.00	7.50	代森锰锌80%	48.00
			吡虫啉(乳油)	10g/袋	2.00	喷雾	30.00	6.00	吡虫啉5%	1.50
			啶虫脒(乳油)	50mL/瓶	12.00		30.00	7.20	啶虫脒5%	1.50
			氧化乐果(乳油)	300mL/瓶	15.00		75.00	3.75	乐果40%	30.00
薯块膨大期	3月上中旬	早、晚疫病、美洲斑潜蝇、块茎蛾、叶蝉、小长蝽、蚜虫、瓢虫	银发剂(悬乳剂)	100mL/瓶	45.00	喷雾	45.00	20.25	氟菌·霜霉威687.5克/升	30.94
			吡虫啉(乳油)	10g/袋	2.00		30.00	6.00	吡虫啉5%	1.50
			啶虫脒(乳油)	50mL/瓶	12.00		30.00	7.20	啶虫脒5%	1.50
			高效氯氟氰菊酯	80mL/瓶	10.00		20.00	2.50	高效氯氟氰菊酯4.5%	0.90
合计							715.00	101.90	0.00	327.79

云贵高原东南部小麦
田间节水节肥节药生产技术模式

一、背景与原理

（一）背景

云贵高原是中国四大高原之一，位于中国西南部。大致位于东经100°～111°，北纬22°～30°之间，西起横断山、哀牢山，东到武陵山、雪峰山、东南至越城岭，北至长江南岸的大娄山，南到桂、滇边境的山岭，东西长约1 000 km，南北宽400～800 km，总面积约50万km²。云贵高原海拔在400～3 500 m。云贵高原属亚热带湿润区，为亚热带季风气候，气候差别显著。该区石灰岩厚度大，分布广，经地表和地下水溶蚀作用，形成落水洞、漏斗、圆洼地、伏流、岩洞、峡谷、天生桥、盆地等地貌，是世界上喀斯特地貌最发育的典型地区之一。受金沙江、元江、南盘江、北盘江、乌江、沅江及柳江等河流切割，地形较破碎，多断层湖泊。云贵高原东南部地形地貌复杂多变，地块破碎面积小，土壤酸化。该区域受西南季风影响，气候干湿季节分明，冬春季节干旱严重，夏秋季节雨量充沛，降水主要集中于6—9月，占全年降水量的85%以上，10月至次年5月降水量不足全年的15%。由于全年降水分配不均匀和温度的不同导致在云贵高原的雨养农业区以大春种植玉米和马铃薯等高耗水分养分作物为主，小春以种植小麦、绿肥等低耗水分养分作物为主。

小麦是云贵高原东南部的主要粮食作物之一，也是云贵高原东南部小春季种植面积最大的粮食作物。常年种植几十万公顷，该区域的小麦于前一年秋季10月中旬到11月上旬种植，次年春季4月中下旬收获，全生育期时段正好与云贵高原季风气候的干季相对应。因受云贵高原的地理、气候、经济等因素的影响，绝大部分山区、半山区水利基础设施建设滞后或不能满足干季农业生产用水的基本需求，小麦生长期内基本无水利灌溉条件，主要在自然气候条件下生长。气候因素影响是小麦产量和质量的关键性和重要决定性因子之一。同时，云贵高原东南部粮食作物的水肥药利用效率低下，农药使用不合理，抗旱抗病高产的主导品种缺乏，机械化种植技术严重匮缺，当地劳动力较少，同时农户种植水平有限，小麦产量低等实际生产问题突出，需要通过对该区域小麦生产用水用肥用药的情况进行调查分析，进行该地区的小麦田间节水节肥节药潜力的分析和评估；通过自主创新和集成创新，鉴选出适用于云贵高原东南部高水分利用效率、高肥料利用效率、抗旱抗病虫害性强高产的小麦品种，构建适合于云贵高原东南部小麦的高水分养分利用，生物多样性优化栽培，少耕覆盖或少耕不覆盖栽培，抗旱高效机播，一次性简易高效施肥，长效种子处理和病虫害防治前移和机械化收获技术等的节水节肥节药生产技术模式，降低冬春季节干旱对小麦生长的影响，提高水分不足条件下的小麦产量，提高在云贵高原东南部小麦生产中水、肥、药的利用效率，增强小麦种植中应对干旱、突发病虫害等的应急技术，促进粮食安全，促进粮食增产、农民增收、农业增效。

（二）原理

翻耕：大春作物收获后，进入小麦种植准备期，利用旋耕机对土地进行翻耕，增加土壤通透性。少雨年，翻耕一次即可，翻耕深度为 10 ~ 15 cm，避免搅动较深的土壤，引起不必要的水分散失，保住土壤的蓄水量；平水年，机械翻耕土壤 2 次，深度约为 20 cm；丰水年，机械翻耕土壤 2 ~ 3 次，深度为 20 ~ 30 cm，以确保小麦播种后根系可以扎得更深，利于丰收高产。

施肥：在少雨年，采用"一炮轰"的一次性集中施肥法，将肥料一次性底施，底肥中化肥的纯用量为 N：6 kg/亩，P_2O_5：3 kg/亩，K_2O：3 kg/亩，选用普通复合肥或单质肥，在有农家肥的条件下，一亩施入 400 kg 的农家肥。放完底肥后，用旋耕机进行旋耕，深度 10 cm，尽量使底肥在土壤中混合均匀。在少雨年，小麦产量相对较低，采用略低水平的钾肥量来减少化肥成本，同时，在低水分状态下，化肥多也不利于化肥发挥作用；选用单质肥或普通复合肥都是降低化肥成本，低水分状态下，也不适宜用其他功能性肥料。在平水年或丰水年，翻耕土壤后，趁土壤墒情尚好，将底肥放入，底肥纯用量 N：6 kg/亩，P_2O_5：3 kg/亩，K_2O：4 kg/亩，最好选用功能性肥料（菌肥、腐殖酸肥、控失肥等），也可用一般粮食复合肥，在有农家肥的条件下，一亩施入 400 kg 的农家肥。放完底肥后，用旋耕机进行旋耕，深度 15 ~ 20 cm，尽量使底肥在土壤中混合均匀。在拔节、孕穗期，若遇到有适当的降雨，可追施尿素，施用量为纯 N：2 kg/亩。在平水年或丰水年，水分条件略好，为了小麦高产而提高养分施入量，同时，在中期进行追肥。无论在少雨年，还是平水年或丰水年，加入农家肥，均有利于改善土壤通透性，并增加土壤有机肥含量。在不同降水年份，使用不同的施肥方法以提高小麦的肥料利用效率。

秸秆使用：将上季收获后的烟草或玉米等秸秆进行粉碎。在少雨年或平水年将粉碎的秸秆覆盖在已经施肥并播种后的小麦种植地块上，这样有利于提高小麦种植地的水分含量，提高小麦的地温，有利于小麦的生长发育，提高最终产量。在丰水年，将粉碎的秸秆在翻耕时翻耕入耕地中，进一步提高土壤有机质的含量，有利于小麦高产。以上方法可在不同降水年份，提高小麦的水分利用效率。

品种筛选：在少雨年选择适宜云贵高原东南部山地栽培、抗旱性强、抗病虫害强（特别是抗蚜虫虫害强）的优质高产小麦品种，在干旱条件下，小麦受蚜虫虫害影响较大。在平水年，选择适宜云贵高原东南部山地栽培、可高效利用水肥、抗病虫害的优质高产小麦品种，平水年小麦品种能高效利用水肥的话利于该年份的高产。在丰水年，选择适宜云贵高原东南部山地栽培、抗病虫害强（特别是抗锈病强）的优质高产小麦品种，在潮湿的环境中，小麦锈病较重。

种子处理：在少雨年，播种前，小麦裸种用种子包衣剂进行处理，包衣处理后有利于种子在干旱条件下正常萌发。在平水年或丰水年，种子无须处理，直接播种，这样的年份如果对小麦裸种用种子包衣剂进行处理反而会使小麦发芽率低于不用包衣剂的小麦种子，也有可能导致减产。

病虫害防治：在干旱年份，云贵高原东南部小麦蚜虫危害较大，可用 1 g 吡虫啉拌 1 kg 小麦种子，预防小麦蚜虫虫害。在不同的降水年份，采取不同的防治重点来防治病虫害，提高农药利用效率。

机械化作业：通过小麦全程机械化栽培技术，降低劳动强度，大大减少生产投入，并可实现大面积、规格化生产，提高生产效率，实现土地高产出和多收益。通过小麦全程机械化栽培技术，可使翻耕土地较为均匀、深度一致，播种小麦均匀，避免人工播种的疏密不均；使用机械化翻地翻耕、混底肥速度快，耕作层水分散失少，播种小麦时，土壤墒情更好，利于小麦高产。

二、主要内容与技术要点

（一）少雨年云贵高原东南部小麦节水节肥节药生产技术

1. 品种选择

选择适宜云贵高原东南部山地栽培、抗旱性强、抗病虫害强（特别是抗蚜虫虫害强）的优质高产小麦品种。如：云麦 42、云麦 52、川麦 107、靖麦 17 等。

2. 整地施肥

上茬作物（一般为玉米，也有烟草等）收获后，待上茬作物的秸秆干枯后，机械化收割或人工收割上茬作物秸秆并机械打碎放置一边（待用，等小麦播种后进行覆盖），秸秆打碎长度在 5～10 cm。机械翻耕土壤 1 次，增加土壤孔隙度，翻耕深度不宜过深，深度为 10～15 cm，避免搅动较深的土壤，引起不必要的水分散失。趁土壤墒情尚好，采用"一炮轰"的一次性集中施肥法，将肥料一次性底施，底肥中化肥的纯用量为 N：6 kg/亩，P_2O_5：3 kg/亩，K_2O：3 kg/亩，（在缺锌土壤中，可每亩加入 ZnO 1 kg）选用普通复合肥或单质肥，在有农家肥的条件下，一亩施入 400 kg 的农家肥。放完底肥后，用旋耕机进行旋耕，深度 10 cm，尽量使底肥在土壤中混合均匀。

3. 种子包衣处理

在干旱年份，播种前，小麦裸种用种子包衣剂进行处理，包衣处理后有利于种子在干旱条件下正常萌发。同时，干旱年份，云贵高原东南部小麦蚜虫危害较大，包衣剂中含有吡虫啉（类）可较好地防治小麦蚜虫虫害，1 g 吡虫啉拌 1 kg 小麦种子。

4. 播种

土壤翻耕施底肥后，及时进行播种。一般采用机械播种机进行播种；行距 20 cm 左右，播深 5 cm，播种量为每亩 12 kg，适当加大播种量，保证少雨年条件下的基本苗数。同时，山地麦采用迎风向种植（与风向垂直播种）可以减少土壤水分蒸发，有利于麦苗生长。在少雨年，尽量早播种，充分利用秋初的降雨。在播种完毕后，将打碎的秸秆对地块进行均匀全面覆盖，覆盖的粉碎秸秆有利于提高小麦种植地的水分含量，提高小麦的地温，有利于小麦的生长发育，提高最终产量。

5. 苗期管理

小麦出苗后观察出苗率，如果出苗率差，需进行补种，补种要趁早。

6. 中期管理

小麦抽穗期后是病虫害发生的高发期，主要是锈病和蚜虫危害，应提前做好病虫害防治。在干旱条件下更容易受到蚜虫危害，提前做好防范。出现蚜虫虫害，避开大风天和雨天，在上午 9~11 点，使用吡虫啉兑水后对麦地进行均匀喷雾。小麦发生锈病可用 15% 三唑酮可湿性粉剂 100 g/亩或 12.5% 烯唑醇可湿性粉剂 15~22.5 g/亩兑水 45~60 kg 进行全麦地喷雾。

7. 适时收获

干旱天气小麦成熟期略早，注意及时进行机械收获。

（二）平水年云贵高原东南部小麦节水节肥节药生产技术

1. 品种选择

选择适宜云贵高原东南部山地栽培、可高效利用水肥、抗病虫害的优质高产小麦品种。如：云麦 52、云麦 53、靖麦 10、川麦 107、靖麦 17、文麦 14 等。

2. 整地施肥

上茬作物（一般为玉米，也有烟草等）收获后，待上茬作物秸秆干枯后，机械化收割或人工收割上茬作物秸秆并机械打碎放置一边（待用，等小麦播种后进行覆盖），秸秆打碎长度在 5～10 cm。机械翻耕土壤 2 次，深度约为 20 cm，增加土壤孔隙度，改善土壤结构，趁土壤墒情尚好，将底肥放入，底肥纯用量 N：6 kg/亩，P_2O_5：3 kg/亩，K_2O：4 kg/亩，（缺锌土壤，可每亩加入 ZnO 1 kg）最好选用功能性肥料（菌肥、腐殖酸肥、控失肥等），也可用一般粮食复合肥，在有农家肥的条件下，一亩施入 400 kg 的农家肥。放完底肥后，用旋耕机进行旋耕，深度 15～20 cm，尽量使底肥在土壤中混合均匀。

3. 播种

种子可直接播种，也可以用 1 g 吡虫啉拌 1 kg 小麦种子，预防小麦蚜虫虫害。

土壤翻耕施底肥后，及时进行播种。一般采用机械播种机进行播种；行距 20 cm 左右，播深 5 cm，播种量为每亩 10～12 kg，尽量早播种，如果晚播要适当加大播种量。采用迎风向种植（与风向垂直播种），可以减少土壤水分蒸发，有利于麦苗生长。在播种完毕后，将打碎的秸秆对地块进行均匀全面覆盖，覆盖的粉碎秸秆有利于提高小麦种植地的水分含量，提高小麦的地温，有利于小麦的生长发育，提高最终产量。

4. 苗期管理

小麦出苗后观察出苗率，如果出苗率差，需进行补种，补种要趁早。

5. 中期管理

小麦抽穗期后是病虫害发生的高发期，应提前做好病虫害防治。主要是锈病和蚜虫的危害。若出现蚜虫虫害，要避开大风天和雨天，在上午 9～11 点，使用吡虫啉兑水后对麦地进行均匀喷雾。出现锈病，使用 15% 三唑酮可湿性粉剂 100 g/亩或 12.5% 烯唑醇可湿性粉剂 15～22.5 g/亩兑水 45～60 kg 喷雾。

在拔节、孕穗期，若遇到有适当的降雨，可追施尿素，施用量为纯 N：2 kg/亩。

6. 适时收获

小麦成熟后及时进行机械收获。

（三）丰水年云贵高原东南部小麦节水节肥节药生产技术

1. 品种选择

选择适宜云贵高原东南部山地栽培、抗病虫害强（特别是抗锈病强）的优质高产小麦品种。如：云麦 53、川麦 107、靖麦 17、文麦 14 等。

2. 整地施肥

上茬作物（一般为玉米，也有烟草等）收获后，待上茬作物秸秆干枯后，机械化收割或人工收割上茬作物秸秆并打碎还田，秸秆打碎长度在 5～10 cm，机械翻耕土壤

2～3 次，深度为 20～30 cm，增加土壤孔隙度，翻耕过程中将打碎的上茬作物秸秆翻耕入耕地中，增加土壤有机质含量，改善土壤结构。底肥纯用量 N：8 kg/亩，P_2O_5：3 kg/亩，K_2O：4 kg/亩，（缺锌土壤，可每亩加入 ZnO 1 kg）最好选用功能性肥料（菌肥、腐殖酸肥、控失肥等），在有农家肥的条件下，一亩施入 400 kg 的农家肥。放完底肥后，用旋耕机进行旋耕，深度 15 cm，尽量使底肥在土壤中混合均匀。

3. 播种

种子无须处理，直接播种。土壤翻耕施底肥后，及时进行播种。一般采用机械播种机进行播种；行距 20 cm 左右，播深 5 cm，播种量为每亩 10 kg，尽量早播种，晚播要适当加大播种量。播种后可对土壤进行适当镇压，有秸秆翻耕入土，以确保土壤的孔隙度减少，确保种子多接触土壤，有利于吸收水分。

4. 苗期管理

小麦出苗后观察出苗率，如果出苗率差，需进行补种，补种要趁早。

5. 中期管理

在拔节、孕穗期，遇到适当的降雨，可追施尿素，施用量为纯 N：2 kg/亩。

小麦抽穗期后是病虫害发生的高发期，应提前做好病虫害防治。主要是锈病和蚜虫的危害。在高湿条件下小麦锈病危害较重，注意田间观察，在锈病病叶率达 2%～4%，严重度达 1% 时就可以开始用 15% 三唑酮可湿性粉剂 100 g/亩或 12.5% 烯唑醇可湿性粉剂 15～22.5 g/亩兑水 45～60 kg 喷雾。若出现蚜虫虫害，避开大风天和雨天，在上午 9～11 点，使用吡虫啉兑水后对麦地进行均匀喷雾。

6. 适时收获

小麦成熟后视天气情况及时机械收获。

三、特点与创新点

（一）特点

1. 技术简化，适宜性广

该技术模式针对云贵高原东南部有特色的地理地貌和气候干湿季节分明（冬春季节干旱严重，夏秋季节雨量充沛）的特点，以该地区广大的雨养农业区小春主要种植小麦为背景，通过对田间小麦生产技术环节研究，构建了云贵高原东南部小麦节水节肥节药生产技术模式。该模式以云贵高原东南部小麦生产的最大限制因子——水分为基础，将生产年份划分为少雨年、平水年和丰水年，基于各年份，从涉及小麦生产的全套过程：上季作物秸秆处理、土壤翻耕、品种筛选、种子处理、施肥管理、苗期管理、中期管理和收获等各方面进行了规范化栽培管理。

该技术模式精简有效、易于操作，既适宜个体农户进行小麦生产，也适宜建设小麦生产基地，进行小麦规模化、集约化生产。

2. 机械化

该技术模式在种、收两大重要节点均使用农用机械进行机械化生产，降低劳动强度，提高劳动效率，不仅节约了劳动力成本，还为小麦更好地生长打下基础，为抓住土壤墒情创造时机，有利于小麦优质高产。

3. 高效节约

该技术模式以云贵高原东南部小麦生产的最大限制因子——水分为基础，基于各年份的水分条件来规范田间小麦生产技术。不同水分条件下，品种选择、整地施肥、种子处理、播种和中期管理等过程均不相同，各个步骤紧扣水分条件，以水肥药高效利用为核心，实现小麦生产的高产高效、节本增效。

（二）创新点

1. 生产模式创新

该技术模式首次针对云贵高原东南部有特色的地理地貌和气候干湿季节分明（冬春季节干旱严重，夏秋季节雨量充沛）的特点，以该地区广大的雨养农业区小春主要种植小麦为背景，将生产年份划分为少雨年、平水年和丰水年，基于各年份，将涉及小麦田间生产的全套过程进行了规范化栽培管理。该技术模式精简有效、易于操作。

2. 生产技术创新

集成创新了适宜云贵高原东南部小麦节水节肥节药的生产技术模式。该模式以该地区小麦生产的最大限制因子水分为核心，通过秸秆覆盖或翻压还田来提高土壤水分条件、改良土壤；选择适宜云贵高原东南部山地栽培、抗旱性强、水肥高效利用和抗病虫害强的优质高产小麦品种；根据不同水分条件来选择旋耕种植小麦土壤的次数、深度，种子的处理方式，肥料用量、品种和施肥时期，以及病虫害的防治；达到不同降水年份的田间小麦节水节肥节药的节本增效，即少雨年降低成本保住产量，平水丰水年增产增收。

四、应用与效果

（一）应用

云贵高原东南部小麦节水节肥节药生产技术模式在云南省曲靖市麒麟区和文山州砚山县建立示范基地 2 125 亩，示范推广累计 2.74 万亩。2017—2018 年在云南省文山州砚山县建立核心示范区 125 亩，示范 1.12 万亩；2017—2018 年在云南省曲靖市麒麟区建立核心示范区 750 亩，示范 0.62 万亩；2018—2019 年在云南省曲靖市麒麟区建立核心示范区 750 亩，示范 0.5 万亩；2019—2020 年在云南省曲靖市麒麟区建立核心示范区 500 亩，示范 0.5 万亩。2019 年，来自中国科学院生态中心、云南大学、云南省曲靖市麒麟区农业局、云南省曲靖市麒麟区土壤肥料工作站、云南省曲靖市麒麟区农环站、云南省曲靖市麒麟区农技中心、云南省曲靖市麒麟区越州镇农业农村综合服务中心的十位专家对现场进行了验收评价。

（二）效果

云贵高原东南部小麦节水节肥节药生产技术模式，2017—2018 年在云南省文山州砚山县建立核心示范区 125 亩，示范 1.12 万亩，在示范核心区，示范技术模式比传统种植模式提高水分利用效率 14.30%，节约用肥 8.6%，节约用药 12.1%，提高产量 38.8 kg/亩，增加产值 159.01 元/亩，核心示范区增加收入 1.99 万元，在示范区，提高产量 21.1 kg/亩，增加产值 105.91 元/亩，示范区增加收入 118.62 万元。2017—2018 年在云南省曲靖市麒麟区建立核心示范区 750 亩，示范 0.62 万亩，在示范核心区，示范技术模式比传统种植模式提高水分利用效率 10.10%，节约用肥 24.3%，节约用药 6.5%，提高产量 25.6 kg/亩，增加产值 206.41 元/亩，核心示范区增加收入 15.48 万元，在示范区，提高产量 16.5 kg/亩，增加产值 179.11 元/亩，示范区增加收入 111.05 万元。2018—2019 年在云南省曲靖市麒麟区建立核心示范区 750 亩，示范 0.5 万亩，在示范核心区，示范技术模式比传统种植模式提高水分利用效率 17.31%，节约用肥 15.53%，节约用药 50%，提高产量 49.6 kg/亩，增加产值 206.41 元/亩，核心示范区增加收入 15.48 万元，在示范区，提高产量 20.88 kg/亩，增加产值 120.25 元/亩，示范区增加收入 60.13 万元。2019—2020 年在云南省曲靖市麒麟区建立核心示范区 500 亩，示范 0.5 万亩，在示范核心区，示范技术模式比传统种植模式提高水分利用效率 19.21%，节约用肥 15.53%，节约用药 50%，提高产量 43.33 kg/亩，增加产值 187.60 元/亩，核心示范区增加收入 9.38 万元。在示范区，提高产量 27.78 kg/亩，增加产值 140.95 元/亩，示范区增加收入 70.48 万元。

五、当地农户种植模式要点

1. 整地

播种前人工翻耕或机械翻耕土壤，不分降水年份人工翻耕 1 次，或是用机械翻耕 2 次，深度均为 20 cm 左右。上茬作物收获后的秸秆不还田。

2. 肥料施用

翻耕后人工撒施肥料，施用肥料为复合肥、尿素和普钙，亩施复合肥 25～50 kg、尿素 20～30 kg 和普钙 50 kg（农户习惯种植用肥量每亩纯 $N-P_2O_5-K_2O$ 为 13.75～

3.01－2.13），鲜有农户施用有机肥。农户种植无追肥的习惯。

3. 播种

播种时间为 10 月下旬至 11 月上中旬，播种量为每亩小麦种子用量 5～8 kg。

4. 病虫害防治

在不同时期使用不同量的乐果、三唑酮、多菌灵和吡虫啉等来防治小麦病虫害，也有在全生育期不使用任何农药来防治病虫害。

六、节水节肥节药效果分析

（一）节水效果分析（表 1）

云贵高原东南部小麦节水节肥节药生产技术模式与传统种植模式一样，在小麦的整个生长过程中均无灌溉水灌溉，小麦生长发育所需要的水分全部来自于土壤蓄积的水以及冬春季极少量的降雨。2017—2018 年在云南省文山州砚山县示范技术模式水分利用效率为 1.66 kg/mm，传统种植模式水分利用效率为 1.45 kg/mm，示范技术模式比传统种植模式提高水分利用效率 14.30%。2017—2018 年在云南省曲靖市麒麟区示范技术模式水分利用效率为 2.07 kg/mm，传统种植模式水分利用效率为 1.88 kg/mm，示范技术模式比传统种植模式提高水分利用效率 10.10%。2018—2019 年在云南省曲靖市麒麟区示范技术模式水分利用效率为 2.49 kg/mm，传统种植模式水分利用效率为 2.12 kg/mm，示范技术模式比传统种植模式提高水分利用效率 17.31%。2019—2020 年在云南省曲靖市麒麟区示范技术模式水分利用效率为 1.99 kg/mm，传统种植模式水分利用效率为 1.67 kg/mm，示范技术模式比传统种植模式提高水分利用效率 19.21%。

表 1 水分利用效果统计表

年份/年	地点	技术模式	降水利用效率		
			（kg·mm^{-1}）	对比 ±/（kg·mm^{-1}）	提高/%
2017—2018	云南省文山州	示范模式	1.66	+0.21	14.30
		传统模式	1.45	—	—
	云南省曲靖市	示范模式	2.07	+0.19	10.10
		传统模式	1.88	—	—
2018—2019	云南省曲靖市	示范模式	2.49	+0.37	17.31
		传统模式	2.12	—	—
2019—2020	云南省曲靖市	示范模式	1.99	+0.32	19.21
		传统模式	1.67	—	—

（二）节肥效果分析（表 2）

2017—2018 年在云南省文山州砚山县示范技术模式用肥量为 16 kg/亩，传统种植模式用肥量为 19.69 kg/亩，示范技术模式比传统种植模式节约用肥量 8.6%。2017—2018 年在云南省曲靖市麒麟区示范技术模式用肥量为 13 kg/亩，传统种植模式用肥量为 17.17 kg/亩，示范技术模式比传统种植模式节约用肥量 24.3%。2018—2019 年在云南省曲靖市麒麟区示范技术模式用肥量为 16 kg/亩，传统种植模式用肥量为 18.94 kg/亩，示范技术模式比传统种植模式节约用肥量 15.53%。2019—2020 年在云南省曲靖市麒麟区示范技术模式用肥量为 16 kg/亩，传统种植模式用肥量为 18.94 kg/亩，示范技术模式比传统种植模式节约用肥量 15.53%。

表 2　节肥效果统计表

年份/年	地点	技术模式	施肥量		
			（kg·亩⁻¹）	对比 ±/（kg·亩⁻¹）	节约/%
2017—2018	云南省文山州	示范模式	18	−1.69	8.6
		传统模式	19.69	—	—
	云南省曲靖市	示范模式	13	−4.17	24.3
		传统模式	17.17	—	—
2018—2019	云南省曲靖市	示范模式	16	−2.94	15.53
		传统模式	18.94	—	—
2019—2020	云南省曲靖市	示范模式	16	−2.94	15.53
		传统模式	18.94	—	—

（三）节药效果分析（表 3）

2017—2018 年在云南省文山州砚山县示范技术模式用药量为 17.14 g/亩，传统种植模式用药量为 19.5 g/亩，示范技术模式比传统种植模式节约用药量 12.1%。2017—2018 年在云南省曲靖市麒麟区示范技术模式用药量为 44.41 g/亩，传统种植模式用药量为 47.5 g/亩，示范技术模式比传统种植模式节约用药量 6.5%。2018—2019 年在云南省曲靖市麒麟区示范技术模式用药量为 23.75 g/亩，传统种植模式用药量为 47.5 g/亩，示范技术模式比传统种植模式节约用药量 50.0%。2019—2020 年在云南省曲靖市麒麟区示范技术模式用药量为 23.75 g/亩，传统种植模式用药量为 47.5 g/亩，示范技术模式比传统种植模式节约用药量 50.0%。

表 3　节药效果统计表

年份/年	地点	技术模式	用药量		
			（g·亩⁻¹）	对比 ±/（g·亩⁻¹）	节约/%
2017—2018	云南省文山州	示范模式	17.14	−2.36	12.1
		传统模式	19.5	—	—
	云南省曲靖市	示范模式	44.41	−3.09	6.5
		传统模式	47.5	—	—

年份/年	地点	技术模式	用药量		
			（g·亩⁻¹）	对比±/（g·亩⁻¹）	节约/%
2018—2019	云南省曲靖市	示范模式	23.75	−23.75	50
		传统模式	47.5	—	—
2019—2020	云南省曲靖市	示范模式	23.75	−23.75	50
		传统模式	47.5	—	—

（四）节约成本分析（表4）

2017—2018 年在云南省文山州砚山县示范技术模式每亩成本投入为 340.92 元（其中劳动力投入与机械费用 140.00 元，农用物资投入 200.92 元），传统栽培技术模式每亩成本投入 383.53 元（其中劳动力投入 180.00 元，农用物资投入 203.53 元），每亩减少成本 42.61 元，节约 11.11%。2017—2018 年在云南省曲靖市麒麟区示范技术模式每亩成本投入为 317.88 元（其中劳动力投入与机械费用 140.00 元，农用物资投入 177.88 元），传统栽培技术模式每亩成本投入 371.60 元（其中劳动力投入 180.00 元，农用物资投入 191.60 元），每亩减少成本 52.72 元，节约 14.46%。2018—2019 年在云南省曲靖市麒麟区示范技术模式每亩成本投入为 325.92 元（其中劳动力投入与机械费用 140.00 元，农用物资投入 185.92 元），传统栽培技术模式每亩成本投入 383.53 元（其中劳动力投入 180.00 元，农用物资投入 203.53 元），亩减少成本 57.61 元，节约 15.02%。2019—2020 年在云南省曲靖市麒麟区示范技术模式每亩成本投入为 325.92 元（其中劳动力投入与机械费用 140.00 元，农用物资投入 185.92 元），传统栽培技术模式每亩成本投入 383.53 元（其中劳动力投入 180.00 元，农用物资投入 203.53 元），每亩减少成本 57.61 元，节约 15.02%。

表4　节约成本统计表

年份/年	地点	技术模式	成本投入			劳动力投入与机械费用			物资投入		
			（元·亩⁻¹）	对比±	节约/%	（元·亩⁻¹）	对比±	节约/%	（元·亩⁻¹）	对比±	节约/%
2017—2018	云南省文山州	示范模式	340.92	−42.61	11.11	140.00	−40.00	22.22	200.92	−2.61	1.28
		传统模式	383.53	—	—	180.00	—	—	203.53	—	—
	云南省曲靖市	示范模式	317.88	−53.72	14.46	140.00	−40.00	22.22	177.88	−13.72	7.16
		传统模式	371.60	—	—	180.00	—	—	191.60	—	—
2018—2019	云南省曲靖市	示范模式	325.92	−57.61	15.02	140.00	−40.00	22.22	185.92	−17.61	8.65
		传统模式	383.53	—	—	180.00	—	—	203.53	—	—
2019—2020	云南省曲靖市	示范模式	325.92	−57.61	15.02	140.00	−40.00	22.22	185.92	−17.61	8.65
		传统模式	340.92	—	—	180.00	—	—	200.92	—	—

（五）产出分析（表5）

2017—2018 年在云南省文山州砚山县示范技术模式平均亩产量为 310.20 kg，传统栽培技术模式平均亩产量为 271.40 kg，示范技术模式比传统栽培技术模式增产 14.30%。2017—2018 年在云南省曲靖市麒麟区示范技术模式平均亩产量为 279.00 kg，传统栽培技术模式平均亩产量为 253.40 kg，示范技术模式比传统栽培技术模式增产 10.10%。2018—2019 年在云南省曲靖市麒麟区示范技术模式平均亩产量为 336.04 kg，传统栽培技术模式平均亩产量为 286.44 kg，示范技术模式比传统栽培技术模式增产 17.32%。2019—2020 年在云南省曲靖市麒麟区示范技术模式平均亩产量为 268.85 kg，传统栽培技术模式平均亩产量为 225.52 kg，示范技术模式比传统栽培技术模式增产 19.21%。

表5　产量统计表

年份/年	地点	技术模式	亩产量		
			/（kg·亩$^{-1}$）	对比±	增产/%
2017—2018	云南省文山州	示范模式	310.20	38.80	14.30
		传统模式	271.40	—	—
	云南省曲靖市	示范模式	279.00	25.60	10.10
		传统模式	253.40	—	—
2018—2019	云南省曲靖市	示范模式	336.04	49.60	17.32
		传统模式	286.44	—	—
2019—2020	云南省曲靖市	示范模式	268.85	43.33	19.21
		传统模式	225.52	—	—

（六）产值收益分析（表6）

按照小麦在云贵高原市场价 3.00 元/kg 计算，2017—2018 年在云南省文山州砚山县示范技术模式亩产值为 930.60 元，传统栽培技术模式亩产值为 814.20 元，亩增收 116.40 元。2017—2018 年在云南省曲靖市麒麟区示范技术模式亩产值为 837.00 元，传统栽培技术模式亩产值为 760.20 元，亩增收 76.80 元。2018—2019 年在云南省曲靖市麒麟区示范技术模式亩产值为 1 008.12 元，传统栽培技术模式亩产值为 859.32 元，亩增收 148.80 元。2019—2020 年在云南省曲靖市麒麟区示范技术模式亩产值为 806.55 元，传统栽培技术模式亩产值为 676.56 元，亩增收 129.99 元。

亩纯收益：2017—2018 年在云南省文山州砚山县示范技术模式亩纯收益为 589.68 元，传统栽培技术模式亩纯收益为 430.67 元，纯收益增加 36.92%。2017—2018 年在云南省曲靖市麒麟区示范技术模式亩纯收益为 519.12 元，传统栽培技术模式亩纯收益为 388.60 元，纯收益增加 33.59%。2018—2019 年在云南省曲靖市麒麟区示范技术模式纯收益为 682.20 元，传统栽培技术模式纯收益为 475.79 元，纯收益增加 43.38%。

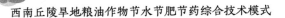

2019—2020 年在云南省曲靖市麒麟区示范技术模式亩纯收益为 480.63 元，传统栽培技术模式亩纯收益为 293.03 元，纯收益增加 64.02%。

节本增效：2017—2018 年在云南省文山州砚山县示范技术模式亩节本增效 159.01 元。2017—2018 年在云南省曲靖市麒麟区示范技术模式亩节本增效 130.52 元。2018—2019 年在云南省曲靖市麒麟区示范技术模式亩节本增效 206.41 元。2019—2020 年在云南省曲靖市麒麟区示范技术模式亩节本增效 187.60 元。

表6　产值收益统计表

年份/年	地点	技术模式	亩产值			纯收益/（元·亩⁻¹）	增加纯收益/%	亩节支/（元·亩⁻¹）	亩节本增效/（元·亩⁻¹）
			（元·亩⁻¹）	对比±	增加产值/%				
2017—2018	云南省文山州	示范模式	930.60	116.40	14.30	589.68	36.92	42.61	159.01
		传统模式	814.20	—	—	430.67	—	—	—
	云南省曲靖市	示范模式	837.00	76.80	10.10	519.12	33.59	53.72	130.52
		传统模式	760.20	—	—	388.60	—	—	—
2018—2019	云南省曲靖市	示范模式	1 008.12	148.80	17.32	682.20	43.38	57.61	206.41
		传统模式	859.32	—	—	475.79	—	—	—
2019—2020	云南省曲靖市	示范模式	806.55	129.99	19.21	480.63	64.02	57.61	187.60
		传统模式	676.56	—	—	293.03	—	—	—

云贵高原西北部小麦—夏玉米节水节肥节药生产技术模式

一、背景与原理

（一）背景

云贵高原位于我国西南地区，是中国四大高原之一，东西长约 1 000 km，南北宽 400~800 km。云贵高原包括云南省东部、贵州全省、广西壮族自治区西北部和四川、湖北、湖南等省边缘，是中国南北走向和东北—西南走向两组山脉的交汇处，地势西北高，东南低，海拔在 400~3 500 m。

云贵高原西北部主要包括云南省西北部的丽江、楚雄、大理、怒江等市州区域以及四川省西南部的攀枝花市、凉山州的部分区域，其主体在云南省境内。本区域属于亚热带季风气候，不同区域气候差别极为显著。本区域日照丰富，年日照时数 >2 000 h，太阳辐射量可达 5 000~6 000 MJ/m²。由于海拔变异大，热量垂直分布差异明显，多数区域年均气温 16~20℃，≥0℃的积温一般为 5 500~7 500℃。降雨主要集中在夏季，雨热同期，干湿分明，5—10 月的降雨量占全年降雨量的 90% 以上；不同区域降雨量差异较为明显，云南省楚雄州、四川省的攀枝花市年均降雨量 800~1 000 mm，四川凉山州的西昌市年均降雨量在 1 000 mm 左右。

据李娅娟等人（2014）等研究结果，云南省的土壤共分为 7 个土纲、14 个亚纲、18 个土类、288 个耕地土种。据第二次土壤普查统计，云南全省铁铝土纲红壤系列的土壤占 56.6%，淋溶土纲棕壤系列的土壤占 19.3%，初育土纲的土壤面积占 18.2%。云南省的西北部地区以黄棕壤为主，土壤有机质含量平均 3.97%，全氮 2.14 g/kg，有效磷 20.7 mg/kg，速效钾 167.9 mg/kg，pH 值 6.23。总体来看，本区域土壤略偏酸性，有机质含量较高，肥力中上等水平。

本区域热量丰富，作物种类多样，主要的粮食作物有玉米、水稻、小麦、大麦、马铃薯、燕麦、荞麦等。本区域旱地面积大，旱地农作系统对于粮食生产意义重大。以粮食为核心的旱地种植模式包括小麦—玉米、小麦/玉米、马铃薯—玉米、马铃薯/玉米、荞麦—马铃薯、小麦/烟草等。对于旱地种植模式来说，由于降雨较为集中，冬春季作物常会遭遇旱情，而夏季作物还可能会出现涝害。高原地形复杂，耕地均有坡度，常年的高强度垦殖，表层土壤易流失。

小麦—玉米两熟模式是云贵高原西北部旱地主导的种植之一，该模式的两季均为粮食作物，对于增加本区域粮食供给、保障粮食安全有重要意义。该模式下，小麦一般于10月底至11月上旬播种，4月中下旬成熟收获，不同生产环境下产量差异很大，在土层厚、肥力较高的区域，单产可达500 kg/亩以上，小麦收获后进行旋耕整地播种玉米，并于9月中下旬至10月上旬成熟收获，高产田单产可达700 kg/亩以上。

小麦—玉米两熟模式主要问题有，本区域地块小，机械化水平低；氮肥投入量大，产量的提升严重依赖于化肥的投入；冬季干旱、夏季洪涝灾害发生频率高，产量影响大。据前期调研，小麦全生育期氮肥投入量在15 kg/亩以上，玉米氮肥投入在25 kg/亩以上，远高于作物需氮量，氮肥利用率较低。且不抗病品种仍占有很大面积，小麦条锈病、白粉病、玉米大小斑病等病害危害较为严重。为防治病虫害，农民常过量喷洒农药。本区域多数旱地没有灌溉条件，两季作物均为雨养，由于降雨集中在夏季，小麦产量受年际间降雨量的影响较大，丰水年的产量普遍高于贫水年。

（二）原理

针对本区域小麦—玉米两熟模式面临的问题，项目组从改进播种方法、布局丰产多抗品种入手，配合减氮技术模式和病虫害防控技术，集成了小麦—玉米两熟节肥节药综合技术模式，大幅度提升了两季作物的抗逆能力、产量潜力和资源利用效率，实现了产量、效率、效益和环境保护的协同改善。

1. 充分发掘抗逆抗病丰产新品种潜力

品种的遗传背景不同，其产量潜力、抗病性、抗逆性差异明显，而产量潜力发挥又依赖于与区域环境气候条件相适应的栽培措施。筛选适于区域气候条件的品种，配套相应的栽培技术，是提高作物产量潜力和节水节肥节药的重要途径。以小麦为例，我国从20世纪90年代开始全面开展小麦超高产与资源高效育种，经过20多年，各大麦区都取得了实质性突破，先后育成大批超高产品种，并在大田试验中不增加或者少增加投入的情况下达到预期高产目标，且实现资源的高效利用。多数研究表明，在北方小麦主产区，多穗型、中间型和大穗型品种都能实现超高产，虽技术路径有所不同，但共同之处在于都显著提高了单位面积穗数。超高产品种具有叶片窄小、直立、耐肥抗倒，以及群体大、干物质积累多，前期稳健、后期个体质量高等特点。

云贵高原大部分区域冬季温度偏高，小麦"长高不长蘖"，分蘖持续时间仅有1个月左右，常年最高苗变动在600～1 000苗/m²；即便加大播量，也不能明显提高穗数，因为中后期又面临高温高湿环境，密度过大往往加重病虫害和倒伏的发生。除了温度和空气湿度的限制之外，水分是分蘖成穗不足的另一个重要因素。本区域旱地小麦比重较大，旱地小麦都是雨养，缺乏灌溉条件，遭遇冬春干旱的频率较高，水分不足导致分蘖数和成穗数更少，成穗数仅有 $250 \sim 300$ 穗/m^2。本区域小麦具有大穗优势，但穗粒数常常受倒春寒影响而不稳定。云南、四川的倒春寒发生频率高达 $20\% \sim 30\%$（余遥，1997；程加省，2012），穗粒数下降 $5\% \sim 30\%$，单产相应下降 $10\% \sim 120\%$ 不等。筛选和布局高产抗旱抗病抗逆品种，可以减少化肥农药投入，大幅度提高小麦—玉米模式的产量和资源利用效率。

2. 借助机械化播种技术和秸秆还田技术，提高立苗质量和抗逆能力

云贵高原耕地一般地块狭小，机械作业困难，主要播种、田管和收获环节还依赖人工进行，成本高、效益低。此外，常年高强度垦殖，水土流失严重，小麦生育期间降雨量少，尤其是拔节孕穗阶段的降雨量少，粗放播种方式下小麦易受干旱胁迫，正常的生长发育受限制，产量低，效益差。围绕旱地播种难题，四川省农业科学院研制出了系列由微耕机驱动的小型播种机以及小型的收割机，这些中小型农机具动力需求小，转运移动方便，便于坡耕地作业生产，采用机械化播种技术，提高了小麦、玉米的生产效率和立苗质量，提升其抗逆抗病能力，可以减少化肥农药投入，提高产量和效益。

秸秆覆盖是减少水土流失，提高水分利用效率的重要途径，尤其是在冬春季节，秸秆覆盖保墒技术减少干旱带来的负面效应。此外秸秆覆盖能显著提高土壤有机质含量、改善土壤结构、增加雨水入渗、减少径流及水分无效蒸发，从而提高土壤保水能力。秋收后玉米秸秆含水量高，气温也高，及时覆盖有利于保墒保苗。此外，以往研究表明（高茂盛，2007；蒋向，2011），前茬玉米秸秆还田后，下茬小麦基本苗数略有减少，但单株次生根数和最高分蘖数增加，不同生育时期的植株增高，茎秆变粗，植株干物质重增加，收获前绿叶数增加，成穗率提高。不仅如此，秸秆还田可显著促进各时期根系的生长并显著提高小麦根系活力，且增加根系在地表下 30 cm 土壤中的分布。适量的玉米秸秆还田还能提高小麦叶绿素含量与光合速率、增强旗叶抗衰老能力，有利于光合产物合成、转化和积累（郑伟，2009；刘义国，2013）。多数试验表明，玉米秸秆整株还田或者粉碎还田后，下茬小麦增产效果显著提高了小麦的产量和效益。

3. 优化施肥技术，提高养分利用效率

云贵高原土壤有机质虽然整体较高，但肥力变异较大，氮是产量的主要限制因素。在典型土壤的试验结果表明，不施氮条件下，小麦产量为 $200 \sim 400$ kg/亩，玉米为 $250 \sim 400$ kg/亩。增施氮肥后，产量有所增加。但随着施氮量的增加，增产幅度下降。施氮量对产量的影响还受品种类型、分配比例、种植密度、水分条件等因素的影响。

以往开展的氮肥分配比例试验表明，施氮量较低时（6 kg/亩），全部作底肥的产量高于底肥＋拔节肥处理；施氮量较高时（≥10 kg/亩），适当追肥效果更好。种植密度和施氮量也有互作效应，尤其是施氮水平较低时更为明显。水分条件也是影响氮肥利用的重要因素，丰雨年的氮素利用效率高于干旱年。因此，明确小麦—玉米轮作模式的施氮水平，优化施氮模式对于减少氮肥投入、提高资源利用效率具有重要意义。

二、主要内容与技术要点

（一）选择丰产多抗品种

品种的产量潜力、抗病性、抗逆性差异明显。2015—2016 年在楚雄州的品种试验结果表明（表1），川麦104 产量潜力高，抗旱性、耐逆性强，区域适应性广，是西南旱地小麦种植的首选品种，川麦42 审定年份较长（2013 年国审）且易感白粉病，根据区域生产条件可作为备选品种。之后连续两年（2016—2017、2017—2018）在西昌市西林镇开展丰产高抗小麦品种筛选（表2）。参试品种30 个，两年的平均产量变幅421.5~650.1 kg/亩，排名前列的品种有绵麦367、川麦104、西科麦8 号、云麦53 和昌麦34 等品种，平均单产均接近或超过 600 kg/亩。5 个品种中，川麦104 的表现最为优异，高抗条锈病、白粉病和穗发芽，耐旱、耐瘠，两年的容重均超过 800 g/L，表现其次为昌麦34、云麦53。根据以上试验示范结果，适宜云贵高原西北部种植的小麦品种有川麦104、云麦53、川麦34；适宜的玉米品种有尚玉3899、云金3 号、西抗18 等。这些主导品种最高产量可达 600 kg/亩以上，且具有抗旱、抗病等优势，较同条件下其他品种均值增产15% 以上，其高抗条锈病和白粉病，可以减少施药2 次以上。

表1 楚雄州小麦品种筛选试验产量（2015—2016）

品种	产量/（kg·亩⁻¹）	品种	产量/（kg·亩⁻¹）
川麦104	565.3	云麦42	194.9
川麦42	588.2	蜀麦830	576.0
蜀麦969	574.7	云麦56	494.6
Y1416	462.2	云麦70	445.1
川麦51	540.1	绵麦37	574.2
绵麦367	597.4	楚麦10 号	272.8
川麦55	520.4	临麦6 号	242.5
云麦53	500.9	Mean	476.6

表2 西昌市小麦品种筛选试验结果 (2016—2018)

品种	产量/ (kg·亩⁻¹)			容重/	品种	产量/ (kg·亩⁻¹)			容重/
	2016—2017	2017—2018	平均	(g·L⁻¹)		2016—2017	2017—2018	平均	(g·L⁻¹)
绵麦367	750.9	549.4	650.1	753.9	绵阳26	646.0	444.8	545.4	810.1
川麦104	713.3	540.4	626.9	814.9	川麦107	600.7	476.2	538.4	817.5
西科麦8	691.2	528.6	609.9	783.2	蜀麦126	564.3	511.3	537.8	822.2
云麦53	737.1	476.6	606.8	815.4	川农16	625.0	427.2	526.1	803.4
昌麦34	662.5	522.5	592.5	813.2	襄麦D31	545.5	481.4	513.4	832.0
川麦42	668.0	507.5	587.8	814.7	渝麦7	611.7	402.4	507.1	814.4
蜀麦969	632.7	533.9	583.3	769.7	襄麦35	557.6	447.4	502.5	833.3
绵麦1419	637.1	501.2	569.2	778.6	川麦39	524.5	471.4	497.9	849.1
川麦66	632.7	505.2	569.0	810.0	繁六	565.4	428.6	497.0	813.8
内麦101	619.5	511.6	565.6	782.0	鄂麦195	554.3	421.9	488.1	836.5
川育25	650.4	477.4	563.9	806.4	中科麦138	566.5	408.9	487.7	817.3
川麦601	641.5	478.7	560.1	814.1	DH16	495.8	460.2	478.0	829.0
科成麦4	619.5	489.7	554.6	807.3	绵阳11	536.6	407.5	472.1	793.4
川麦98	593.0	515.8	554.4	800.6	川麦1247	490.3	371.1	430.7	787.0
川麦81	615.0	478.1	546.6	793.3	川育12	485.9	357.1	421.5	801.7

适宜品种产量潜力的发挥还需要配套相应的栽培技术。以昌麦34为例（表3）。此属于穗数型品种，围绕该品种在西昌市开展的种植密度试验，设置了10~35万苗/亩的基本苗。结果表明，随着种植密度的增加，昌麦34的产量呈上升趋势，但超过15万苗/亩以后，产量增幅较小，另外对照多穗型品种川麦98处理间差异不显著。因此，云贵高原西北部主导小麦品种适宜的群体起点在15万苗/亩左右，按照田间80%的发芽率核算，亩播种量在12 kg/亩左右。

表3 主导品昌麦34种种植密度试验

种植密度/ (万苗·亩⁻¹)	产量/ (kg·亩⁻¹)		穗数/ (万穗·亩⁻¹)	
	川麦98	昌麦34	川麦98	昌麦34
10	472.8	557.5	23.8	26.2
15	494.5	571.5	27.4	24.2
20	483.9	572.9	26.5	25.3
25	529.6	582.5	30.9	27.4
35	473.8	612.3	36.2	29.2

（二）优化播种技术

小麦季：小麦收割机具有较强的通用性，而播种机对生产条件和种植制度具有选择性，且播种环节也是限制小麦产量和效益提升的关键环节。前期研究表明，针对小地块或套作种植制度可以选用2B-4、2B-5系列小型小麦播种机。该机具轻巧，整机重量不足30 kg，转运方便，操作简单，播幅1 m，播行4行或5行。开放式开沟排种管能避免湿粘土壤堵塞管口，且能提高盖种质量。另外在镇压轮上两侧加装驱动齿，可降低前进阻力，且便于控制排种。播种效率可达 20 亩/天以上。播种作业前，先将播种带旋耕整平，然后将播种机挂载在微耕机后面，微耕机前进，镇压轮上的驱动齿在地面阻力作用下带动镇压轮转动，进而通过其上的齿轮和链条带动排种器转动，种子顺势落入开沟排种管开出的沟底并被回落的土覆盖住，后面镇压轮的镇压

图 1　云南省楚雄市 2B－5 型机播小麦长势

进一步提高盖种质量。和人工播种相比，播种效率提高 10 倍以上，出苗质量高、抗旱性强（图 1），综合效益提高 15%。

　　针对坡度缓和，面积较大的田块，可以采用 2BMF－6 型免耕播种机播种，该机具由小四轮拖拉机驱动，在免耕玉米秸秆粉碎条件下播种，播行 6 行，播幅 1.32 m，播种效率 30～40 亩/天。和生产上主推的全旋播种机型相比，免耕播种＋秸秆粉碎覆盖减少了耕层水分散失，利于小麦出苗和苗期抗旱，单产有大幅增加。不同秸秆处理方式结果表明，和无秸秆还田相比，秸秆粉碎覆盖条件下该机型苗期土壤含水量增加 14.2%，穗粒数、有效穗均有不同程度地升高，理论产量也有明显增加。

　　本区域的玉米机播技术目前仍在完善和提高阶段，小地块仍可采用 2B－4、2B－5 系列的小型微耕机具作业，播前旋耕土壤，缓坡耕地可采用中小型机具作业。合理的种植密度是提高单位面积产量的主要因素之一，种植密度一般大于 4 000 株/亩，播深或覆土深度一般为 4～5 cm，误差不大于 1 cm；株距合格率≥80%；种肥应施在种子下方或侧下方，与种子相隔 5 cm 以上，且肥条均匀连续。如果没有适宜的机械，还可采用育苗移栽方式种植，用纸袋与营养盘育育苗，选择质地疏松、肥力较好的砂质壤土，过筛后与腐熟细碎的农家肥、复合肥按照 100∶15 的比例，加水混合均匀装袋，置于育秧床上育秧，于小麦收获后借雨后墒情及时移栽。

　　（三）培肥土壤，实施秸秆还田

　　培肥土壤是实现持续高产的关键。具体措施一是实施秸秆还田，根据播种方式选择适宜的秸秆还田措施，进行秸秆覆盖还田或者秸秆粉碎后旋耕翻埋还田；二是增施有机肥，玉米移栽后，每亩用 1 000～1 500 kg 腐熟的农家肥盖塘，用土把农家肥盖严，如有灌溉条件，栽好后浇足扎根水。

　　实施秸秆覆盖、蓄纳有效降雨、减少棵间蒸发是提高作物抗旱性的重要措施。小

田块可以在播种前后采用人工覆盖。定位试验结果表明，和无秸秆还田相比，播种前地表覆盖玉米秸秆，小麦播前的 0～10 cm 土壤含水量提高 2.8%～19.1%，10～20 cm 土壤含水量提高 2.8%～12.5%，出苗率提高 10% 以上。秋季玉米秸秆的覆盖保水效应可以持续到孕穗开花阶段。4 年均值，和全程无覆盖处理相比，仅秋季覆盖秸秆，籽粒产量增加 13.4%，生物产量增加 8.2%，其产量也高于无覆盖 + 灌水处理。在秋季秸秆覆盖基础上，小麦播后继续覆盖秸秆，其产量变化不明显。秸秆覆盖后，秋季杂草生物量降低 90% 以上。而在坡度缓和的大地块，玉米秸秆粉碎后可以采用 2BMF－6 播种机直接播种。玉米一般在旋耕或翻耕整地后播种，因此需要在播种前先将小麦秸秆粉碎，之后进行旋耕翻埋再进行播种作业。

（四）减氮稳磷钾

为明确不同区域小麦的节氮潜力，项目组在包括云贵高原西北部的西南麦区开展联合试验，以当前小麦生产较高的施氮量为基准（14 kg N/亩），分别调减 10%、20%、40% 和 100%（表 4、表 5）。结果表明，区域间土壤肥力、气候条件不同，节氮潜力差异较大。根据区域土壤肥力和产量目标，确定一个适宜的施肥水平，在稳定产量的基础上，可降低养分投入，提高利用效率。西昌地区冬季温度高、降雨少，需要多次灌溉，

表 4　小麦节氮潜力联合试验产量结果（2015—2016）

减氮幅度	施氮量/ (kg·亩$^{-1}$)	四川简阳			四川西昌			云南文山		
		产量/ (kg·亩$^{-1}$)	较 CK ±%	NAUE/ (kg·kg^{-1})	产量/ (kg·亩$^{-1}$)	较 CK ±%	NAUE/ (kg·kg^{-1})	产量/ (kg·亩$^{-1}$)	较 CK ±%	NAUE/ (kg·kg^{-1})
0（CK）	14.0	504.4	—	13.7	620.8	—	18.4	229.8	—	6.7
－10%	12.6	506.8	－0.5	15.4	565.0	9.0	16.0	213.3	7.2	6.2
－20%	11.2	500.1	0.9	16.7	547.8	11.8	16.5	210.0	8.6	6.6
－40%	8.4	493.3	2.2	21.4	541.2	12.8	21.2	196.7	14.4	7.2
－100%	0	313.2	37.9	—	363.3	41.5	—	135.8	40.9	—
Mean		463.5	—		527.6	—		197.1	—	

注：文山数据由云南省农业科学院尹梅研究员提供，NAUE 表示氮肥农学利用效率，计算公式为（施氮处理产量－无氮处理产量）/施氮量。

表 5　西昌节氮潜力验产量结果　　　　　　　　　　　（kg·亩$^{-1}$）

	2016	2017	Mean
0（CK）	620.8	713.8	667.3
－10%	565.0	693.3	629.2
－20%	547.8	664.9	606.3
－40%	541.2	626.7	583.9
－100%	363.3	427.6	395.4
Mean	527.6	625.2	576.4

养分损失较大，亩施纯氮 10～12 kg/亩，并结合分次施肥，可以实现节肥高效。文山点的小麦产量潜力低，氮肥生产效率低，亩施纯氮 5～6 kg 较好，配合其他抗旱保墒措施，以提高产量和肥料利用效率。2019 年典型品种的施氮量试验结果表明，本年度小麦遭遇严重干旱，产量不及往年，参试的品种随着施氮量的增加，产量呈上升趋势，9～15 kg N/亩处理间的差异不显著（表6）。

表6　西昌典型小麦品种节氮潜力验产量结果（2018—2019）

品种	施氮量/（kg·亩⁻¹）	产量/（kg·亩⁻¹）	穗粒数	千粒重/g	经济系数
	0	202.1	26.3	57.6	0.47
	3	268.6	29.7	59.1	0.48
西科麦8号	6	337.7	33.7	61.1	0.50
	9	334.3	28.2	59.7	0.49
	12	358.8	34.7	60.4	0.51
	15	377.8	32.0	61.4	0.51
	0	274.1	21.9	54.4	0.52
	3	292.1	21.7	54.1	0.53
川麦104	6	280.9	23.3	54.5	0.54
	9	306.1	22.6	55.9	0.54
	12	328.8	26.6	55.3	0.55
	15	295.0	24.3	56.5	0.54
	0	257.1	23.9	55.6	0.56
	3	265.4	24.7	55.6	0.56
绵麦367	6	306.0	25.9	57.7	0.59
	9	347.8	25.3	57.6	0.59
	12	319.9	29.7	57.6	0.59
	15	381.2	34.0	59.4	0.60

前期调研结果表明，云贵高原西北部农民玉米季施氮量在 20～25 kg/亩。楚雄州玉米节氮潜力试验结果表明（表7），当地土壤肥力较高，0 N 处理的玉米产量达到 467.7 kg/亩。随着施氮量的增加，玉米产量呈上升趋势，但 16 kg N/亩的处理与 20、24 kg/亩处理的差异不显著，且随着施氮量的增加，氮肥偏生产力与农学利用效率还呈下降趋势，该区域节氮潜力较大，亩施 16 kg 纯氮，配合其他配套措施可以实现节肥增收。

表7　楚雄州玉米节氮试验结果

施氮量/（kg·亩⁻¹）	穗长/cm	穗行数	行粒数	经济系数	产量/（kg·亩⁻¹）	生物产量/（kg·亩⁻¹）	氮肥偏生产力/（kg·kg⁻¹）	氮肥农学利用率/（kg·kg⁻¹）
0	17.8	13.1	29.7	0.50	467.7	808.3		
16	19.1	13.0	32.8	0.46	539.9	1 013.1	33.7	4.5
20	19.3	13.1	33.6	0.44	582.0	1 168.1	29.1	5.7
24	18.8	13.2	32.4	0.46	576.4	1 099.4	24.0	4.5

基于前期试验结果，玉米施肥量15~18 kg N/亩产量效益协同性较好，其中50%的氮肥可以作为基肥，50%的氮肥在大喇叭口期追施，同时配施 P_2O_5 和 K_2O 各5 kg/亩。小麦季根据降雨情况确定示范量，亩施10~12 kg/亩的纯氮即可达到作物需求，其中60%作为底肥，40%作为追肥在分蘖期借雨追施，同时配施 P_2O_5 和 K_2O 各4kg/亩。

（五）高效病虫害防控

玉米季主要的病害有大小斑病、黑斑病等，虫害有玉米螟。一方面通过拌种技术预防苗期病害，二是出现病害时及时喷药防治。小麦季主要的病害主要有条锈病、白粉病和赤霉病，在选用抗病品种的基础上，于拔节孕穗期20%的三唑酮即可防治白粉病和条锈病，赤霉病可以选用多菌灵、氰烯菌酯等在抽穗期喷雾防治。各种病害的具体防治方法如下：

1. 玉米病害

1）玉米大、小斑病

玉米从幼苗到成株期均可造成较大的损失。以抽雄、多灌浆期发病重。病斑主要集中在叶片上，一般先从下部叶片开始，逐渐向上蔓延。病斑初呈水浸状，后变为黄褐色或红褐色，边缘色泽较深。病斑呈椭圆形、近圆形或长圆形。防治方法：发病初期用37%贝翠每亩9 g或用10%博帮或用世高、霉班敌，或50%多菌灵可湿性粉剂500倍液，或65%代森锰锌可湿性粉剂500倍液，或75%百菌清可湿性粉剂800倍液，或农抗120水剂100~120倍液喷雾。从心叶末期到抽雄期，每7天喷1次，连续喷2~3次。

2）玉米灰斑病

玉米灰斑病是近年来新发生的一种危害性很大的病害。重病时叶片大部分变黄变枯焦，果穗下垂，籽粒松脱干瘪，百粒重下降，严重影响产量和品质。本病主要发生在玉米成熟期的叶片、叶鞘及苞叶上。发病初期为水渍状淡褐色斑点，以后逐渐扩展为浅褐色条纹或不规则的灰色到褐色长条斑，这些褐斑与叶脉平行延伸，病斑中间灰色，病斑后期在叶片两面（尤其在背面）均可产生灰黑色霉层，即病菌的分生孢子梗和分生孢子。该病于7月上中旬开始发病，8月中旬到9月上旬为发病高峰期。防治方法：在玉米开花授粉后或发病初期，用37%贝翠每9 g或用10%博帮或用世高、霉班敌，或50%多菌灵可湿性粉剂500倍液，或80%炭疽福美可湿性粉剂800倍液，或50%退菌特可湿性粉剂600~800倍液喷雾防治，7~10天后再施1次药。

3）玉米锈病

玉米锈病主要侵染叶片，严重时可浸染苞叶、果穗和雄穗。发病初期叶片两面散生或聚生淡黄色小点。以后突起，扩展为圆形或长圆形，黄褐色或褐色，周围表皮翻起，散出铁锈色粉末，即病菌的夏孢子。后期病斑上生长圆形黑色突起，破裂后露出黑褐色粉末，即病原菌的冬孢子。防治方法：发病初期，用20%粉菌特每亩8~10g或者用三唑酮乳油1 500倍液喷雾。发病严重时，间隔15天再喷1次。

4）玉米黑穗病

防治玉米黑穗病的方法是选用无病种子，用50%多菌灵按种子量的0.7%拌种。常用药剂有：17%三唑醇（羟锈宁）拌种剂或25%三唑酮（粉锈宁）可湿性粉剂按种子量的0.3%拌种，12.5%速保利可湿性粉剂按种子量的0.3%拌种，风干后播种。2%立克秀粉剂2g加水1L混合均匀后拌种子10kg，风干后播种。在使用时不得任意加大药量，以免造成药害。土壤处理：地犁好后，用1~2kg粉锈宁或多菌灵拌细土20~30kg撒施后再整地。

5）小地老虎

小地老虎是一种典型的杂食性害虫，寄主植物十分广泛，几乎对所有植物的幼苗均能取食为害。防治方法：清除田间和地边杂草，可以消灭部分虫卵和害虫。在成虫始发期用糖醋液和黑光灯诱杀成虫。顺垄撒施在玉米幼苗根附近喷雾法，用无地逃1 500~2 000倍喷雾或用功夫乳油1 000倍液喷雾。

6）玉米螟

防治方法：在玉米抽雄穗前（心叶期）用甲敌粉拌灰向玉米心叶内撒施，在玉米穗期，用功夫乳油1 000倍液，或锐功1 000倍液喷雾露雄的玉米雄穗。也可将上述药液喷雾在雌穗顶端花丝基部，药液可渗入花丝，熏杀在雌穗顶部为害的幼虫。

7）玉米蚜

玉米蚜可危害玉米、小麦、高粱及多种禾本科杂草。苗期以成蚜、若蚜群集在心叶中为害，抽穗后危害穗部吸收汁液，妨碍生长，还能传播多种禾本科病毒。防治方法：①及时清除田间杂草，消灭玉米蚜的宁生基地。②在玉米心叶期有蚜株率达50%，百株蚜量达2 000头以上时，可用10%施飞特每亩5~8g兑水喷雾，或用50%抗蚜威3 000倍，或蚜虱净1 000倍液均匀喷雾。

2. 小麦病害

1）锈病

麦类锈病有条锈、叶锈、秆锈三种，是我区小麦、大麦发生最广，危害最大的一类病害。田间识别三种锈病，主要是一句话"条锈成行，叶锈乱，秆锈是个大褐斑"。锈病孢子主要在落粒自生小麦上越夏，到了春天，气候适宜开始繁殖以后靠气流传播病菌，可以随风进行远距离传播，必须采取以种植抗病品种为主，药剂防治和栽培措施为辅的综合防治策略，才能有效地控制其危害。防治方法：①药剂拌种用种子重量

0.30%（有效成分）三唑酮，即用25%三唑酮可湿性粉剂15 g拌麦种150 kg或12.5%特谱唑可湿性粉剂60～80 g拌麦种50 kg。②小麦拔节或孕穗期病叶普遍率达2%～4%，严重度达1%时开始喷洒20%三唑酮乳油或12.5%特谱唑（烯唑醇、速保利）可湿性粉剂1 000～2 000倍液。小麦锈病叶枯病、纹枯病混发时，于发病初期，亩用20%粉菌特1 200～1 500倍喷雾或12.5%特谱唑可湿性粉剂20～35 g，对水50～80 kg喷施效果更好，既防治锈病，又可兼治叶枯病和纹枯病。

2）小麦白粉病

麦类白粉病是目前小麦、啤酒大麦上的主要病害。麦类发病后，光合作用受到影响，从而导致成穗数、穗粒数减少，千粒重降低。特别严重时甚至造成麦类绝收。防治方法：①合理密植、合理排灌、及时中耕除草等都有利于使植株健壮生长，增加抗病性，减少危害。②用50%粉锈宁按种子量0.03%的有效成分拌种，可有效控制苗期白粉病，并兼治锈病、纹枯病、黑穗病等。

3）麦蚜

麦蚜可危害多种禾本科作物及杂草，从麦类苗期到乳熟期都可危害，汲取小麦汁液，造成严重减产。麦蚜还能传播小麦黄矮病毒病。防治方法：在扬花灌浆初期，百株蚜量超过500头，每亩可用70%单冠，或2.5%扑虱蚜可湿性粉剂或25%扑虱灵可湿性粉剂，每亩30～50 g，也可用10%遍（虫啉）可湿性粉剂2 000倍液或用80%杀虫单粉剂30 g对水50 kg喷雾。

三、特点与创新点

传统小麦播种多通过人工完成，费工费时，出苗质量差、苗子长势弱，易受干旱胁迫，产量潜力低。选用高产高抗品种，提高了产量，且减少了病虫危害，减少了病虫害防控的投入。通过机械化播种，提高小麦的出苗质量，提高对生育中后期的抗病、抗逆能力和产量潜力。优化了小麦—玉米周年高产的氮肥用量。和传统模式相比，在稳定产量的基础上，氮肥投入降低10%以上，通过稳定磷钾肥投入，氮肥农学利用效率提高20%以上。

四、应用与效果

结合关键技术研究，在云南楚雄市东瓜镇、南华县兔街镇建设了示范区，开展小麦—玉米模式节肥节药生产技术示范。和非示范区相比，示范区关键环节实现了机械化生产，肥料、农药得到优化施用，生产效率提高10%以上，生产资料投入降低15%～18%，综合效益提高20%以上。2018年，楚雄州农科院受四川省农业科学院植物保护研究所委托，邀请专家对南华县兔街镇示范区的玉米开展测产验收。结果表明，和传统模式相比，示范区产量增加 3.25% ~ 3.28%，肥料用量投入减少 13.3% ~ 17.6%，农药减少用药次数 1 次，节肥节药效果显著。2019 年，小麦单产 421 ~ 542 kg/亩，对比田单产 417 ~ 492 kg/亩，和传统模式相比，示范区产量增加 5.6%，肥料用量投入减少 33.0%，施药减少 1 次。示范区玉米抽测田单产 569 kg/亩，对比田 510kg/亩，和传统模式相比，示范区产量增加 11.4%，肥料用量投入减少 17.6%，施药减少 1 次。

五、当地农户种植模式要点

1. 抗病性差、产量潜力低的品种占主导

小麦品种多是地方品种，抗病性、抗逆性较差，易受病虫害影响，产量潜力低。玉米虽然选用杂交种，但并没有针对区域特色选用抗病抗逆品种。

2. 人工播种

由于没有适宜的播种工具，在旋耕整地之后，小麦多采用人工播种方式进行，播种出苗质量较差，玉米采用育苗移栽方式种植。

以小麦为例，播栽过程如下：精细整地、合理施肥。整地要求深翻细耙，做到墒平垡细。翻犁前每亩施入 1 000 ~ 1 500 kg 农家肥、尿素总量的 40%、普钙总量的 100%、硫酸钾总量的 60% 做底肥。整好地后 3 m 拉线开沟理墒，墒面宽 2.6 m，沟深 0.1 ~ 0.15 m，做到沟通沟直、纵横有序。播好后拉空犁轻压一遍，保证种子入土 0.02 ~ 0.03 m，做到种子不外露为宜。小麦条播采用："九、八、五、三、十"即九市尺开墒、八尺摘面、五寸播幅、三寸播距、种十行，采取边播种边盖种的方法。墒面特干时播种后灌一次跑墒水，做到速灌速撤。小麦进入拔节期（新年前后），每亩追施尿素总量的 50%、硫酸钾总量的 40%，结合追肥灌一次水。进入打苞孕穗期时，每亩追施尿素总量的 10%，结合追肥再灌一次水。

3. 秸秆焚烧或移出还田

两季作物收获后，秸秆就地焚烧或移出田外。

4. 大量施用氮肥

平均抽样调查结果，玉米季亩施纯氮 25 kg 左右，小麦亩施氮 12 kg 左右，远超过作物的需肥量，且施用的磷钾肥相对较少。

5. 病虫害防控

病虫害防控出现极端，要么忽视病虫害防控，要么超量施药防治，每季无论田间病虫害发生情况如何，都要喷施 5 次以上的农药。

六、节水节肥节药效果分析

基于云南省楚雄州的试验示范结果，和传统模式相比，主要生产过程实现了机械化生产，生产效率提高30%以上，在周年产量稳定和增加的基础上，肥料用量投入减少10%以上，农药减少用药次数1～2次，秸秆有效还田利用，农业可持续生产能力提高。

云贵高原山地油菜
田间节水节肥节药生产技术模式

一、背景与原理

（一）背景

云贵高原位于我国西南部，包括云南省东部、贵州全省、广西壮族自治区西北部以及四川、重庆、湖北、湖南等省（市）部分地区。区内平均海拔 1 000 ~ 2 000 m，最高的超过 4 000 m。总耕地面积 491 万 hm²，其中旱地占 60% 以上。由于本区地形起伏大，农田土层浅薄，保水性能差，加之降水分布不均、强度大、多暴雨，因而属于水土流失严重的生态脆弱区。本区季节性干旱和区域性干旱发生频率高，对农业生产危害严重的干旱类型有春旱、夏旱、伏旱以及两季连旱、三季连旱等，是影响本区农业生产的主要气候因素。

近几十年来，随着工业化的发展，农用化学物质如化肥、农药、植物生长调节剂等施用量持续增加，但农业生产系统中施肥、病虫害及杂草的控制技术总体水平不高，农业面源污染问题日益突出，不仅造成农业资源的极大浪费以及农产品产量、品质和生产效益的下降，也使农田土壤、大气、江河库湖等生态环境遭到严重破坏，极大地制约着农业和农村经济的可持续发展。

（二）原理

油菜是云贵高原主要的经济作物，其播种面积占经济作物的一半以上，在本区农业生产中占据重要地位。针对云贵高原季节性干旱问题突出、农业面源污染加剧、资源利用效率低、农业生产效益差的实际，重点开展了油菜抗旱高产优质及抗病品种鉴选、油菜集雨抑蒸高效种植技术、不同保水剂和覆盖节水技术、油菜生物覆盖节水与培肥技术、油菜新型高效肥料品种筛选、不同缓释肥料减量及配施技术、生物炭与氮肥减量配施技术、直播油菜增密减氮技术、油菜节水节肥综合农艺措施、油菜病虫害高效低残留综合防治技术、油菜菌核病生物防治技术、油菜生物型种衣剂配方等油菜节水、节肥、节药关键技术的研究。通过"关键技术研发——技术集成与组装——技术模式示范验证"技术路线，集成构建了包括优良品种、机械直播、集雨抑蒸、增密减氮、生物防治"五位一体"的云贵高原山地油菜田间节水节肥节药生产技术模式。该成果对于综合运用油菜节水、节肥、节药新型种植技术，促进云贵高原山地油菜可持续发展具有重要指导意义。

二、主要内容与技术要点

（一）选用优良品种

项目通过多年试验（图1、图2），筛选出了适宜云贵高原山地土壤和气候条件，具有高产、优质、抗旱、抗病、抗虫等特性的优良品种，如渝油28、万油27、渝黄2号等。

图1　油菜品种抗旱性鉴定试验（温室池栽）

图2　油菜三节品种田间鉴选试验

（二）轻简机械直播

对于坡地、梯田，可选用小型油菜直播机，如悍牛2BM－4型2行油菜播种机或2BM－2A2小型油菜直播机（图3）；对于大面积连片的平坝地，可选用"兴谷牌"5行式多功能免耕施肥播种机。

图3　油菜机械直播示范田

（三）集雨抑蒸节水

1. 垄作沟种集雨（图4）

一般一垄一沟幅宽60 cm，垄宽26~33 cm，垄高10~15 cm，沟宽26~33 cm。垄向一般以南北向为好，在坡耕地上应沿水平线起垄。垄面呈瓦背形，油菜种植于沟内。

2. 秸秆覆盖抑蒸（图5）

因地制宜选择水稻、玉米、高粱等前茬作物秸秆，覆盖量在300~500 kg/亩，于油菜播种后、出苗前均匀铺盖于土壤表面，以"地不露白，草不成坨"为标准，注意调节碳氮比。

3. 地膜覆盖技术

地膜覆盖一般与垄作技术相结合，即起垄后在垄上覆膜、沟内不覆膜。地膜类型应选择无污染的生物降解膜。

图4　油菜集雨抑蒸试验

图5　油菜秸秆覆盖种植示范田

（四）增密减氮节肥

1. 种植密度

播种可采取条播或穴播方式。采用条播的，行距35~40 cm，密度为1.5万~2.5万株/亩；采用穴播的，每亩7 000~8 000穴，每穴留两株（行穴距为30 cm×30 cm）。

2. 轻简化施肥技术

油菜全生育期氮肥施用量（折纯N）为10~12 kg/亩，按基肥：苗肥：薹肥为5:2.5:2.5的比例施用；磷、钾肥施用量（折纯P_2O_5、K_2O）均为6 kg/亩，均作基肥一次性施用。可采用缓释尿素、过磷酸钙、氯化钾作为肥源，或播种前一次性深施"宜施壮"油菜专用缓释复合肥，或缓释尿素与普通尿素、生物有机肥等配合施用。

1）复合肥施肥技术要点

金正大缓释掺混肥（N：P：K = 25:14:7）和"宜施壮"油菜专用缓释掺混肥（N：P：

K = 25 : 7 : 8）在油菜高产稳产及提高氮肥利用率等方面具有好的应用效果。推荐施肥量为 50 kg/亩。施肥方式为一次基施，均匀撒施，之后用旋耕机旋耕。油菜抽薹 15 天后，每亩用磷酸二氢钾 100 g + 硼肥 100 g 兑水 60 kg 喷雾作根外追肥。

2）配合施肥技术要点

氮肥：可根据具体情况选择以下施肥方法。

（1）单独施用缓释尿素（含氮量为 44.6%），图 6。肥料特点：可满足油菜在生育后期，尤其是蕾薹期之后对肥料的需求。但对土壤的温度和湿度具有一定的要求，适合降雨量充足的地区。将施氮量降低为降低常规肥料（即普通尿素）用量的 80% 为宜，推荐施肥量为 27 kg/亩。

（2）缓释尿素（含氮量为 44.6%）配施普通尿素（含氮量为 46%）按配施比（以含氮量计）7 : 3 施肥（图 7）。肥料特点：可保证前期足够的氮供应，避免由于干旱导致的缓释尿素的溶出率低的问题。将施氮量降低为常规肥料（即普通尿素）用量的 80%，可提高氮肥利用率并降低投入成本。推荐施肥量为 19 kg/亩缓释尿素配施 8 kg/亩普通尿素。

（3）缓释尿素（含氮量为 44.6%）配施生物有机肥（含氮量为 2%，N + P + K ≥ 4）按配施比（以含氮量计）7 : 3 施肥。肥料特点：可提高土壤有机质含量，维持土壤的可持续利用。将施氮量降低为常规肥料（即普通尿素）用量 80%，可提高氮肥利用率并降低投入成本。推荐施肥量为 19 kg/亩缓释尿素配施 180 kg/亩生物有机肥。

磷钾肥推荐施肥量：过磷酸钙（含 P_2O_5 12%）48 kg/亩和氯化钾（含 K_2O 60%）9.5 kg/亩。

施肥方式为一次性基施，将所施肥料在播种前配好，均匀撒施，之后用旋耕机旋耕。抽薹 15 天后，每亩用磷酸二氢钾 100 g + 硼肥 100 g 兑水 60 kg 喷雾作根外追肥。

图 6　油菜增密减氮试验

图 7　油菜不同缓释肥料减量及配施试验

（五）绿色防控节药

1. 油菜病虫害综合防治的技术路线

油菜的主要虫害为蚜虫和菜青虫，主要病害为菌核病。根据病虫害发生规律，采用高效、低毒、低残留的多种"无公害"生物农药，在病虫害的不同发生时期进行生物综合防治。要按照"抓住适期，主动防治，多面用药"的原则，及时采用农业措施，加强田间管理，提高油菜主要病虫害的防治效果。

根据云贵高原油菜病虫害的主要类型及其发生规律，提出了油菜病虫害综合防治的技术路线（图8）。

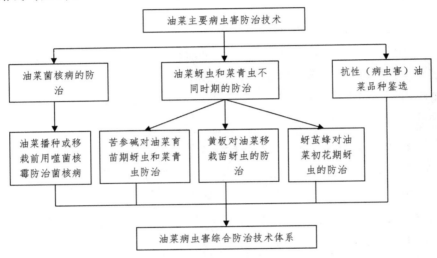

图8　油菜病虫害综合防治的技术路线

2. 油菜菌核病绿色防治技术

噬菌核霉是一种寄生菌，对菌核病菌具有强寄生能力，它侵入菌核病菌体内后可生长、发育和繁殖，从而导致菌核病菌的腐烂和死亡，是一种典型的"以菌克菌"的微生物杀菌剂。其使用方法为：在油菜直播或移栽前15～30天，将噬菌核霉可湿性粉剂（$2×10^8$个活孢子/g）按150～200 g/亩用量，兑水50 kg喷施于油菜田地表，并用旋耕机将其翻入5～10 cm深的土壤中。

该微生物杀菌剂可以与其他化学杀菌剂混用，在保证防效的同时可大幅度减少化学农药的用量；如遇油菜菌核病发病严重的年份，可在盛花期追施40%菌核净可湿性粉剂，以确保防治效果。

3. 油菜虫害绿色防治技术

苦参碱是一种从苦参的根、茎、叶、花中分离提取得到的天然植物性光谱杀虫剂，可用于防治油菜地的蚜虫、菜青虫等虫害。其使用方法为：在害虫盛发初期或卵孵化高峰期到低龄幼虫期（2～3龄）喷药，每亩使用0.3%苦参碱水剂100～150 mL，或0.5%苦参碱水剂70～100 mL，或1%苦参碱水剂30～45 mL，或2%苦参碱水剂15～20 mL，兑水40～50 kg均匀喷雾。该药剂对低龄幼虫效果好，对4～5龄幼虫敏感性差。

另外，还可采用物理防治措施（图9），如：苗期田间悬挂银灰色塑料薄膜避蚜，或每亩设置黄板15～20块进行诱杀；中后期在田间设置黑光灯、频振式杀虫灯诱杀害虫。

图9 油菜害虫物理防治

三、特点与创新点

1. 技术内容新颖

该技术模式以"三节"项目研发的关键技术为基础，结合已有的油菜种植新技术、新方法，体现了山地油菜"三节"技术的发展需求。

2. 技术体系配套，具有较强的可操作性

该技术模式将油菜栽培管理的不同环节有机结合，形成了选用优良品种、轻简机械直播、集雨抑蒸节水、增密减氮节肥、绿色防控节药"五位一体"的技术体系，可为云贵高原山地油菜田间节水节肥节药提供配套技术指导。

四、应用与效果

本项目于2016—2019年，重点围绕高产优质抗逆油菜新品种、油菜直播增密减氮、油菜专用缓释肥、农田集雨抑蒸种植、农田水肥优化调控、油菜病虫害生物防治等关键技术及油菜节水节肥节药综合技术模式，在云阳县宝坪镇开展了成果示范推广工作。其中，2016年、2017年、2018年、2019年分别建立示范田350亩、1 890亩、4 300亩、5 950亩，4年合计12 490亩。示范区累计增加油菜产量217.33 t，增加产值

115 万元；肥料节本 41 万元，农药节本 47 万元，劳力节本 100 万元；共计节本增效 303 万元。

以上关键技术和三节综合技术模式还在云阳县盘龙街道、凤鸣镇、栖霞镇、路阳镇、南溪镇等地得到大面积辐射推广，累计辐射面积 37 000 亩，取得了良好的生态、经济和社会效益。

此外，在项目实施期间，课题组在云阳县宝坪镇各个行政村，围绕油菜新品种介绍、油菜专用缓释复合肥、油菜机械直播技术、生物炭和有机肥等化肥替代技术、秸秆和地膜覆盖技术、农田集雨抑蒸技术、油菜病虫害生物防治技术等积极举办农业技术培训活动（图 10～图 13），促进油菜节水节肥节药新技术、新成果的推广普及。据统计，2015、2016、2017、2018、2019 年每年举办培训班 12 次，参加培训的农民分别为 2 054、2 172、2 126、2 050 和 2 116 人次；5 年共举办培训班 60 次，累计培训农民 10 518 人次。

图 10　油菜三节综合技术模式集成与示范现场会

图 11　油菜三节综合技术模式示范田

图 12　举办农民培训班

图 13　技术咨询活动

2019 年 5 月 13 日，项目经过以重庆市委农业农村工委委员、总农艺师袁德胜为组长的专家组现场验收，评价结论为：该技术模式立足云贵高原农业资源与生产实际，取得了显著的节水节肥节药、增产增收增效效果,具有轻简、节约、高效、绿色等突出特点,创新性强,先进实用,总体居同类生态区领先水平,为云贵高原地区的农业生产提供了重要的技术支撑。

五、当地农户种植模式要点

(1)播种技术。以人工撒播、挖窝点播或育苗移栽为主,种植密度偏小。

(2)施肥技术。肥料品种主要是尿素 + 过磷酸钙或尿素 + 常规复合肥,施肥特点是偏重氮肥而磷钾肥不足,施肥方式以地表撒施为主。

(3)耕作方式。主要采用平作,无垄作、覆盖等蓄水保墒措施。

(4)病虫害防治。一般采用化学药物防治。

六、节水节肥节药效果分析

2017—2019 年连续 3 年测产表明,示范区平均产量为 170.4 kg/亩,比传统栽培增产 11.4%;水分利用效率为 0.402 kg/亩·mm,比传统栽培提高 11.4%;节省化肥 4.9 kg/亩(折纯量),节约 21.2%;节省化学农药 23 g/亩(折百量),节约 22.9%;节本增效 242 元/亩,三节综合效益为 29.9%(表 1)。

表 1　示范田测产结果表

年份/年	田块	产量/ (kg·亩$^{-1}$)	增产率 /%	生育期降水量 /mm	水分利用效率/ (kg·亩$^{-1}$·mm^{-1})
2017	示范田	162.7	—	513.6	0.317
	对照	146.2	11.3	513.6	0.285
2018	示范田	169.0	—	348.2	0.485
	对照	152.7	10.7	348.2	0.439
2019	示范田	179.4	—	408.9	0.439
	对照	160.2	12.0	408.9	0.392
3 年平均	示范田	170.4	—	423.6	0.402
	对照	153.0	11.4	423.6	0.361

本项目形成的技术成果适合在云贵高原和西南其他丘陵山区油菜种植区推广应用。据统计,重庆、四川、贵州、云南 4 个省(市)共有油菜种植面积 3 300 万亩,其中旱地油菜种植面积约占 2 000 万亩。针对西南丘陵山地油菜生产面临的季节性干旱以及化肥、农药过量施用造成的面源污染问题,大力推广油菜节水节肥节药技术成果对于本区旱作农业持续稳定发展具有重要现实意义。本项目的技术成果推广面积近期(5 年)内可望达到 200 万亩以上,远期(10 年)内可望达到 1 000 万亩以上,因而具有广阔的应用前景。

广西冬马铃薯—鲜食玉米—秋玉米田间节水节肥节药生产技术模式

一、背景与原理

(一) 背景

广西壮族自治区（东经104°26′~112°04′，北纬20°54′~26°24′）属亚热带湿润气候，北回归线横贯全区。山地丘陵盆地地貌，是中国主要的岩溶发育区，其他土地类型还有台地、平原。广西日照丰富，太阳年总辐射量达376~418 kJ/cm²·年，各地年平均气温在16.5~23.1℃，日均温≥10℃且积温在5 000~8 300℃，适宜农作物生长的日期在220~365天。年均降水量1 000~2 800 mm，降水集中于6—9月，此期占常年总降水量的75%。耕地以红壤土为主，土壤的有机质及含量低，缺氮耕地占83%。

广西属南方丘陵玉米区，粮饲玉米常年种植面积675万~750万亩。广西同时还是鲜食玉米种植主要省份，常年种植面积超过100万亩，桂南地区可实现鲜食玉米周年生产，常年供应国内外市场。广西中南部地区热量充沛，满足一年两季玉米、部分地区三季生产。春玉米播种时间为1月下旬至3月中旬；秋玉米则较集中于7月下旬至8月中旬。玉米种植制度多样，如玉米—晚稻或早稻—玉米轮作、春玉米—秋玉米连作、春玉米与大豆、甘薯、棉花、花生间套作等。据调查，广西玉米生育期基本由降雨供水，灌溉水利用率低，有条件的地区干旱发生时补灌，以大水漫灌为主。生产中存在盲目施肥的现象；有机肥料投入减少，土壤保水、保肥能力下降；肥料质量参差不齐，肥料市场混乱；缺乏深耕深翻，耕层普遍较浅；科学施肥到位率低。

广西良好的光、温等气候资源和广阔的冬闲土地资源以及广泛的群众种植基础，为发展冬种马铃薯奠定了基础。在冬季低温条件下，利用冬闲田生产一季马铃薯是广西大力推进的农业增产增效举措。广西常年冬种面积在102万亩，以种植企业或大户为主。种植日期在10月下旬至12月上旬，收获期为次年2月至3月下旬，拥有强旺的国内外消费市场，种植收益较高。在条件适宜的地区开展和冬闲田种植马铃薯，并在其收获后、秋作前种植一季鲜食玉米，可充分利用光、热和土地资源，提高收益且不影响秋季作物种植。生产上，目前广西一些形成规模且有实力的公司的病虫害预防做得比较好，但也有相当比例的马铃薯种植户只在病虫害发生时才防治，预防为主的意识薄弱，因此病害发生后造成严重的减产。

因此开展配套的适宜品种、肥料品种及施用技术、农药品种及施用技术、保墒耕作技术研究，探讨耕作制度中冬马铃薯与玉米轮作技术，集成技术模式并开展应用，可提高广西土地复种系数，综合利用光、热、水和冬闲田资源可增加收益，对广西土地增产、农民增收、农业增效具有重要促进作用。

（二）原理

冬马铃薯田块采用机械耕整和收获，用种采用小整薯或切薯；生育期采用水肥一体化膜下滴灌技术。10月中下旬秋玉米收获后，开展马铃薯种植准备工作。种植前利用中型机械将玉米秸秆粉碎还田增加土壤有机质含量；采用旋耕机等对土地进行旋耕细整，提高土壤通透性。马铃薯采用垄作，增加土壤耕层厚度，扩大水热交换接触面，为马铃薯植株生长和块茎膨大提供优良的土壤条件；垄上单行单株种植或双行品字形间错种植，间错种植能改善植株群体的通风透光率，构建合理的高产群体结构。采用水溶肥和膜下滴灌水肥一体化栽培技术，使水、肥高效耦合，既能提高水分利用率，又能使水溶状态下的营养元素更易为马铃薯吸收，提高了肥料的利用率；在生长用药期，将农药配合水肥一起施用，以达到减少用工的目的。冬季覆黑膜能保水防旱提地温，同时减少除草剂的使用。有条件采用马铃薯小整薯种薯种植的，出苗整齐，减少了切块导致的病害初浸染源，有效减少了马铃薯生育期用药次数。同时可以减少田间用种量（用种量为 40~50 kg/亩，比常规减少50%以上的用种量）、减少运输成本和种植成本，达到减肥增效的目的。

冬马铃薯于次年收获后进入鲜食玉米栽培准备期。可视情况采用育秧盘育苗移栽培，该技术既能保证鲜食玉米，特别是甜玉米的苗齐、苗均、苗壮，又能为高产群体构建打下良好基础，还能有效延长生育期，为产品提早上市争取时间。鲜食玉米种植前可采用耕整细碎土壤，也可采用免耕移栽。由于前造马铃薯用肥量较大，余肥可供本造玉米使用，因此能减少玉米用肥量。采用新型玉米专用缓释复合肥能减少施肥用工、降低劳动力投入并适当减少磷、钾肥的用量。

鲜食玉米收获后，迅速进入秋玉米栽培准备阶段。此期抓住了光、热、降水的优势，采用免耕方式直播争取时间。采用增密保苗增加群体植株数量，为高产打下良好基础；改善传统施肥模式，调整肥料养分比例，通过基施特定养分比例的缓释肥料延长肥效，减少施肥次数，降低劳动力投入，达到节省开支的效果。选用多抗品种降低用药量达到减药目标。

振动式深松是保护性耕作，利用深松机械打破犁底层而不扰乱土层，能有效调节土壤三相比、创造虚实并存的耕层结构且避免了传统深犁深翻造成的生土层上翻所致的减产；由于深松作业对表土破碎程度较低，因而减少了风、水对土壤的侵蚀作用，同时减少了扬尘所致的环境污染，在提高土壤蓄水抗旱能力的同时能有效提高农田抗涝渍能力。科学选择适宜的缓（长）效肥品种能有效减少生产用工、降低劳动强度并保证玉米产量。玉米秸秆还田能显著提高土壤有机质含量并改善耕层理化性状，但整秆还田时还田量影响秸秆的腐烂效率从而对播种出苗、除草防虫产生较大的影响。

二、主要内容与技术要点

（一）冬马铃薯节水节肥节药生产技术

1. 土壤准备

秋玉米收获后，采用中型秸秆粉碎机将玉米就地粉碎还田；耕整地前，每亩均匀撒施腐熟农家肥 1 000 ~ 1 500 kg 或腐熟灭虫鸡粪 500 ~ 800 kg、敌百虫或辛硫磷配制的毒土 5 ~ 10 kg。采用旋耕机旋耕土层 25 ~ 30 cm，要求田间土壤平整、细碎、疏松。机械或人工起垄 20 ~ 25 cm，垄宽 110 cm。田块四周挑出排水沟。免耕栽培全田不翻耕，用开沟机辅助开沟，腐熟基肥、毒土和沟土均匀撒施在畦面上。

2. 品种选择

冬种马铃薯选用生育期 120 天的耐寒、抗病、高产品种，如桂农薯 1 号、希森 3 号。用种符合《GB 18133 - 2012 马铃薯种薯》要求，切块大小 30 ~ 50 g。推荐用种使用小种薯的，整薯重 20 ~ 30 g/只。

3. 种薯准备

每亩按用种量 150 ~ 200 kg 准备种薯，剔除病、虫、烂、杂、劣薯，将种薯置于通风避雨、阴凉干爽的棚内或室内，单包摆放或井字形堆放，预留通风道。已度过休眠期（即肉眼可观察到芽眼明显突起）的种薯不需进行催芽处理。没有萌芽的种薯覆盖稻草、遮阳网等遮光，待种薯萌芽后掀开稻草等遮盖物，在散射光下贮存。

切种前晒种半天至 1 天，并再次除杂去劣。切块前用氟吡菌胺·霜霉威盐酸盐，或霜脲氰和代森锰锌混合制剂，或农用硫酸链霉素和多菌灵混剂进行浸种消毒 10 ~ 20 分钟，捞出晾干后切种。

4. 切薯与薯块消毒

1）种薯切块前刀具要先消毒

方法为准备两把切刀和两块切板，用 5% 高锰酸钾溶液或 500 倍甲基托布津药液浸泡，每使用 10 分钟或切到烂薯、病薯时替换使用切刀和切板，同时剔除病、烂薯。换下的切刀和切板继续放在药液中浸泡。

切块大小 30 ~ 50 g/块，尽量联结有顶端部位，形状以菱形四面体为宜。切薯方法：未萌芽的 30 g 左右的小种薯，在基部（脐部）划一刀；50 g 左右小薯，纵切一分为二；150 ~ 250 g 重的中薯，纵切二刀，分成 3 ~ 4 块；250 g 以上的大薯，先纵切为二，每半边从脐部（或称基部）顺着芽眼切下几块，然后顶端部分纵切为 2 ~ 3 块。切块后，顶部和基部切块分别放置，分开催芽和播种。

选用小整薯作种的无须切薯。

2）薯块消毒

100 kg 种薯用 1 kg 左右生石灰或 100 kg 种薯用 1 kg 双飞粉或石膏粉，按 3:1 的氟吡菌胺·霜霉威盐酸盐复配混剂或多菌灵或霜脲氰和代森锰锌混合制剂，混合均匀后拌种。拌粉后摊开晾干，伤口愈合后再进行催芽。

小整薯用多菌灵 500 倍液消毒处理 2 分钟后晾干。

5. 薯块催芽

催芽时避免种薯遭受雨淋和日光暴晒。休眠不充分的种薯在播种前 15 ~ 20 天或更早的时间开始催芽（广西冬种要求于 10 月 15 日前催芽），待芽眼萌动后再播种。休眠比较充分的种薯在切块 3 ~ 5 天后待伤口充分愈合即可播种。催芽方法主要有两种：

1）沙床催芽

在干净的地面上均匀铺上 3 ~ 5 cm 清洁无污染的细湿河沙，然后铺上 5 ~ 8 cm 种薯，盖上第二层河沙后，再铺上第二层种薯，如此一层河沙一层薯块，共铺四层河沙三层种薯，最后用稻草或麻袋覆盖遮光保湿。催芽期间要经常检查河沙湿度，保持湿润不发白，底部不积水。

2）稻草覆盖催芽

在干净地面上先垫 3 ~ 5 cm 干净稻草，将消毒过、伤口愈合后的薯块密集、均匀平铺于稻草面上，铺薯厚度 15 ~ 20 cm。接着覆盖 3 ~ 5 cm 稻草，再在稻草面上均匀铺上 15 ~ 20 cm 种薯。如此一层稻草一层薯块，一般铺四层稻草三层种薯。最后在种薯上均匀覆盖 10 ~ 15 cm 厚的稻草。催芽时要保持室内干燥、通风。如果在室外进行，要开好四周排水沟，搭盖彩条布或塑料薄膜，防日晒雨淋。

6. 播种

10 月 20 日至 30 日气温下降后（各地根据当地的具体情况定）播种。播种密度为 4 500 株/亩。按畦面宽 80 cm、畦沟宽 40 cm、畦沟深 25 cm 的规格和行距 40 cm、株距 20 ~ 25 cm 的密度播种。以目标产量 3 000 kg 计，每亩施三元硫酸钾型复合肥 100 ~ 150 kg、硫酸钾肥 15 ~ 25 kg，于播种时一次性施入。

1）机械化种植

用播种施肥一体机作业。耙碎、耙平后用拖拉机和配套的双行播种机进行开行、施肥、播种、覆土、起垄、铺放滴管和覆盖黑膜。肥料通过机械自动施肥，种完后需用人工检查覆盖地膜的土层是否达到要求并进行修整和补边行。

2）人工起垄种植

播种前在畦中间开施肥沟，一次性放入肥料。种薯在施肥沟两边品字形摆种。装滴灌带，地膜覆盖。

3）免耕种植

种植方法：在畦中间条施化肥后在肥料两边品字形摆种。可以先用机械、蓄力犁松畦沟，可先施肥播种后再整理畦沟。装滴灌带，地膜覆盖。

7. 田间管理

1）水分管理

出苗前：播种时至出苗前，土壤始终保持湿润，即土壤含水量保持在最大持水量的60%～65%；遇到干旱应通过滴灌补水。禁大水漫灌。

现蕾期：出苗后至开始现蕾时（即出苗后两周内），土壤持水量达到田间最大持水量的70%～75%。

膨大期：现蕾后（约出苗两周后），土壤含水量保持在最大持水量的75%～80%。

收获期：收获前15～20天，停止灌溉。

2）培土除草

齐苗后清沟培土2～3次，沟土均匀覆盖地膜面上，确保种薯上覆盖有10～15 cm的细土。田间杂草较多，可在3～4片叶期用马铃薯田专用芽后除草剂喷雾防除。防效较差的杂草应人工拔除。

3）叶面追肥

若生育中后期肥料不足的，用沼气液、水溶性肥料或磷酸二氢钾等叶面肥进行叶面喷施，可结合病虫防治一并操作。每隔10～15天叶面喷施一次，视脱肥情况喷施3～5次。

4）鼠害防控

块茎膨大后田间鼠害较多的，应选用符合无公害生产要求的鼠药统一灭鼠，或采取设置毒饵站的办法诱杀，注意立警示牌确保人畜安全。

8. 病虫防治

选用高效低毒农药，可采用复配高效农药，减少用药量。提倡交替用药以减少病虫害产生抗性。采用小整薯种植的，用药间隔可延长至15～20天喷一次。

1）晚疫病、环腐病及黑茎病

齐苗后用丙烯基双二硫代氨基甲酸锌等保护性药剂兑水喷雾预防。在有利发病的低温高湿天气或病害发生较迅速时，用氟吡菌胺和霜霉威盐酸盐复配混剂或霜脲氰和代森锰锌混合制剂或克露、易保、易快净、可杀得 3 000 等兑水喷雾防控，每隔 7～10 天喷 1 次，连喷 3～5 次。

2）早疫病

发病初期选用苯醚甲环唑、丙环唑、阿米西达（嘧菌酯）、百菌清、杀毒矾（恶霜灵恶锰锌）、可杀得等药剂连续喷施 2～3 次，每隔 7～10 天喷一次。

3）青枯病

发病初期用农用硫酸链霉素或可杀得（氢氧化铜）灌根，每株灌兑好的药液 250 g 到 500 g，隔 10 天灌 1 次，连灌 2～3 次。

4）虫害

冬马铃薯主要是蚜虫危害。用吡虫啉、高效氯氰菊酯 4.5% 乳油进行茎叶喷雾防治，防止病毒病传播。

9. 霜冻预防和灾后措施

广西 12 月至次年 2 月容易发生冷害，应做好马铃薯霜冻预防和灾后补救工作。

1）灾前预防方法

灌水防霜：密切关注天气变化，在霜冻到来前 1～2 天放水进沟，保持土壤湿润或者沟底有水。

喷水防霜：霜冻发生当时（凌晨至太阳出来前）利用喷管带、喷灌圈或水汽弥漫机等喷水防霜。

覆盖防寒：霜冻或冻害发生前，用农膜、稻草、彩条布、草帘、席子、麻袋等遮盖物覆盖在幼苗上或搭建小拱棚防霜防冻。

施肥抗冻：在冻害到来前 1～2 天，喷施植物防冻剂或施用复合生物菌肥减轻冻害危害。

2）灾后生产措施

淋水除霜：霜冻发生后至太阳出来前，及时淋水或人工拨掉叶面上的冰块，减轻霜冻的危害。

排水提温：在霜冻发生后排干田间渍水，提高土壤地温，减轻冰冻危害。

追肥促长：冻害过后，在恢复生长时每亩用尿素 150 g、磷酸二氢钾 200 g、红糖 250 g 兑水 50 kg 喷施，促进植株恢复生长。

10. 收获贮存

马铃薯地上部茎叶正常枯黄，薯皮颜色变深，不易脱皮，呈现该品种本色时可收获上市。天晴土干时收获。收获作业时应避免鲜薯损伤，避免雨淋和日光暴晒。收获后放在干燥、通风、遮阴的室内保存。

（二）鲜食玉米节水节肥节药生产技术

3 月中下旬马铃薯收获后，抢时开展鲜食玉米的种植。

1. 土地耕整

冬马铃薯收获后及时开展整地工作，用中型旋耕机旋松土壤 25～30cm，要求平整、疏松，排灌水良好。可起垄种植，2～4 行垄方便管理。

2. 品种选择

选用生育期 70～80 天的优质、抗病虫害、耐热性好的鲜食玉米品种如桂甜糯系列、华珍系列、玉美头系列等。

鲜食玉米商品性要求高，果穗大小整齐，果穗长 18～20 cm 为宜，果穗粗 4.8～5.2 cm，粒行数 14～16 行为宜，粒行排列整齐偏大，粒深约 1 cm；籽粒果皮脆嫩、渣少，色泽艳丽为佳。

3. 抢时播种

播种密度 3 500～4 000 株/亩。行距 60～70 cm，株距 25～29 cm。甜玉米提倡育苗移栽（图1），方法是：耕整前 10 天在田头用育苗盘育苗移栽，2 叶 1 心时即可移栽，采用打孔器定向移栽，效率很高，移栽后 3 天内应保持田间土壤湿润（田间持水量 75%～80%），以利缓苗。技术优点：育苗移栽能有效延长生育期，可供选用的品种多；分等级移栽，提高群体整齐度（图2），方便管理且为高产创造条件。播种或移栽后于行间铺滴灌或喷淋管。

播种后用播后芽前除草剂 960 g/L 的金都尔喷施封闭。玉米苗期杂草 3 叶前用"玉舒心"喷雾除草。

图1 甜玉米田头育苗

图 2　甜玉米育苗分级定向移栽

4. 肥水管理

玉米可以利用冬马铃薯余肥，鲜苞目标产量 750 kg/亩，一次性条施恩泰克（N：P_2O_5：K_2O = 22：7：11）缓效肥 40 kg/亩。

采用滴灌或管带系统喷淋补水，减少大水漫灌造成的水资源浪费，降低田间湿度从而减少病害。

5. 病虫草害防治

杂草防除：播种后用 960 g/L 精异丙甲草胺乳油（金都尔）或 72% 精异丙甲草胺乳油喷雾封闭；苗后杂草 3 叶前，用玉舒心喷雾一次。

玉米抗性好的品种病害较轻，一般不用防治。虫害可选频振式杀虫灯或性诱剂诱杀，释放天敌捕食等；也可用白僵菌生物制剂或高效低毒化学制剂防治。化学制剂防治方法：玉米大喇叭口期用高效菊酯类制剂等防治玉米螟、黏虫、棉铃虫等危害。在养蚕区使用白僵菌生物制剂等农药时，注意避免药雾飘散到附近的桑叶上造成蚕的药害。

6. 适时收获

鲜食玉米要保证质量和风味，收获期较短。一般甜玉米花丝枯萎时（播种后 72 ~ 75 天），糯玉米于播种后 75 ~ 80 天即可进行收获，此时口感风味俱佳。一般要求当天收获当天上市（加工），长途货运需采用速冻冷链方式进行。

7. 秸秆利用

鲜食玉米收获后，秸秆作为废弃物具有营养价值高、适口性好等特点，可用作养殖业的青饲料或青贮饲料原料。

（三）秋玉米节水节肥节药生产技术

鲜食玉米收获后，灌溉区可种植一季秋玉米。

1. 土壤准备

鲜食玉米收获后秸秆用作青饲或粉碎还田。机械根茬粉碎还田作业，根茬粉碎长度 <10 cm，粉碎合格率 >90%，根茬清除率 >95%，碎茬混合在土壤中。根据需要选用旋耕和振动式深松等方式。采用免耕的田块做好排水。采用旋耕的，使用中型旋耕机旋松土壤 25～30 cm，要土壤平整、疏松。土壤深厚的田块推荐采用振动式深松技术，振动式深松机采用金源/1S－350A 振动深松机（耕宽 1.8 m，耕深 50 cm，重量 450 kg，每小时可深松 5 亩），深松 35 cm。一年半到二年深松作业一次，期间采用免耕种植。优点：有效减小耕层土壤容重，不乱土层，防止土壤侵蚀和田间涝渍。

2. 品种选择与种子准备

（1）品种选择：选择通过审定且适宜种植区域，包含广西的普通玉米良种。一般要求生育期 100～110 天、丰产稳产、抗当地主要病虫害、品质优良的品种。

（2）种子应选用经过精选、分级和包衣处理的。玉米种子质量应符合 GB 4404.1 的规定，其中种子纯度 >99%，净度 >98%，发芽率 >85%，含水量 <14%。贮存在冷库中的种子，播种前可在晴天的中午将选好的种子摊在地上或席子上 3～5 cm 厚，连续翻晒 5～8 小时，有利于增加种子生活力。采用机械精播的，要求玉米种子净度 >99%，纯度 >98%，发芽率保证 >95%，否则须增加种子用量。

3. 机械化播种

为充分利用降雨和光温资源、最大限度地避开干旱，减少人为补水，秋玉米应抢时播种。机械播种操作如下：

（1）根据田块大小选择播种机及动力。一般选用 2～3 行播种、施肥一体机。用种量 1 300～2 000 g/亩。

（2）适时机播作业：0～10 cm 土壤持水量应在 65% 左右，适合播种机下田操作。按照种植密度 3 600～4 000 株/亩确定用种量和株距，并据此调整精播机具。使用的精播机具作业时应满足株距精密播种要求，播种的单粒率 ≥90%，空穴率 <5%。播种作业要做到播深一致，播后覆土严密，种子与土壤完全接触，覆土深度 4～5 cm，误差不大于 1 cm。

（3）单行等行距播种时，行距调为 65 cm，播幅间行距误差 <5 cm。也可采取宽窄行播种，宽行行距为 85 cm，窄行行距 45 cm。

（4）播种后出苗前喷施 960 g/L 精异丙甲草胺乳油（金都尔）封闭除草。

4. 播种作业注意事项

（1）机具升降要平稳，尽量避免快升快降，损坏机具；机具未提起时，严禁倒退或转弯。

（2）作业前要进行田间调查、排除或避开障碍物后方可进行；工作中应尽量减少不必要的停车，以减少种子或化肥的堆积或断垄。

（3）注意观察，防止出种孔和出肥口堵塞，特别是在土壤湿度较大时，容易出现种子或肥料堵塞现象；另外残留在土壤中的秸秆处理不当时，播种机的开沟器容易造成秸秆堵塞，要注意清理，如果发现异常，要及时停车检查、排除故障，并对作业不合格的地方补播。

（4）注油、加种、加肥、清理杂物等必须在停车后进行，加种（肥）前应确保种（肥）箱内没有杂物。

（5）每班作业结束后，要对播种机进行清洁、保养，清除黏在各部位上的泥土和杂草；清除肥料箱内剩余的肥料，以免肥料溶化腐蚀造成堵塞肥箱的出口；紧固松动的螺母；链条和飞轮应经常涂抹机油。

5. 科学施肥

目标产量 500 kg/亩，亩施恩泰克缓效肥 40 kg 或史丹利 44 kg + 大马力生物有机肥 18 kg 混均，一次性于播种时施入，肥料施于种子侧下方，与种子相隔 5cm 左右，均匀连续的条施，无断条或漏施，要求覆土均匀严密，无露肥现象。

6. 田间水分管理

采用滴灌或管带喷淋补水，以减少大水漫灌造成的水资源浪费，可以降低田间湿度从而减少病害。苗期田间持水量 65% ~70%，以利蹲苗促根系发育。大喇叭口期至开花前田间持水量保持 70% ~75%。灌浆期田间持水量保持在 75% ~80% 左右。

7. 防治病虫害

由于精播的下种量小，应杜绝田间害虫啃种咬苗，防治苗期病害。常用的方法：种衣剂处理种子防地下害虫和苗期害虫。地下害虫危害的地区，还可用撒毒土等诱杀害虫。

生育期采用频振式杀虫灯诱杀虫害、生物防治虫害。

8. 机械收获

人工收获玉米劳动强度大，有条件的地方可采用机械适时收获。操作方法如下：

（1）收获机：玉米收获机行距应与种植行距相适应，行距偏差不宜超过 5 cm。可采用自走式联合收割机，其机型主要有摘穗型和摘穗脱粒型两种。摘穗型联合收割机可一次完成摘穗、集穗、自卸、秸秆还田作业；摘穗脱粒型可一次完成收割、脱粒、清选、集装、自卸、粉碎还田等作业。各地可根据生产实际需要进行选择。广西玉米主产区应以中小型摘穗联合收割机为主。

（2）收获作业质量应符合收获机所有作业质量标准，应符合《NY/T 1355-2007 玉米收获机 作业质量》的规定。主要指标见表1：

表1 玉米联合收获作业质量指标

	项目	指标
收获果穗	籽粒损失率/%	≤2.0
	果穗损失率/%	≤3.0
	籽粒破碎率/%	≤1.0
	果穗含杂率/%	≤5.0
	苞叶未剥净率/%	≤15
	残茬高度/mm	≤80
	还田秸秆粉碎合格率/%	≥90
	还田秸秆抛撒不均匀率/%	≤20
	收获籽粒的玉米含水率/%	≤25
收获青贮	收获青贮的秸秆含水量/%	≥65
	收获后田间状况	秸秆、根茬粉碎后应做到抛撒均匀无堆积或条状堆积现象
	秸秆切碎长度/cm	≤3
	秸秆切碎合格率/%	≥85
	割茬高度/cm	≤15
	收割损失率/%	≤5
	秸秆含水量/%	≥65

8. 机械收获作业注意事项

（1）作业前，驾驶、操作人员必须对田间影响作业的沟渠、水井、树桩、电杆拉线等障碍物有所了解，并设置醒目的警示标志。

（2）应按要求配备作业人员和辅助人员及运输车辆，人员之间应能熟悉作业环节，并配合密切。机组应按使用说明书规定的速度作业，尽量避免中途停车、变速和倒车作业。

（3）适宜收获的土壤情况是土壤含水量不大于16%，田间土壤相对含水量＜65%，土壤湿度大、易下陷的地块或砖石过多的地块则不适宜机械收获作业。

（4）收获机在坡度大于8%的地块容易打滑或翻车，不适宜机械收获。

（5）作业时可先收获地横头8～10 m，便于机组倒车或掉头。

（6）玉米联合收获机每个作业季节完毕后，应按使用说明书的要求进行全面保养后，妥善存放。

9. 玉米收贮

收获后的玉米应及时进行降水处理。采用摘穗收获的可集中进行通风晾晒，采用籽粒收获的宜采用玉米烘干机进行降水处理。

三、技术模式特点与创新点

（一）模式特点

广西冬马铃薯—春鲜食玉米—秋玉米三节轻简轮作生产技术模式集成了新品种、三节技术、机械化、轻简化技术，发挥技术优势的同时，最大程度地利用了广西光、温、水资源的自然条件。技术模式采用生育期短的鲜食玉米，合理利用前季作物（冬马铃薯）余肥，有效减少化肥用量；作物生育期滴灌或喷淋补水可有效减少大水漫灌造成的水资源浪费；一次性施肥减小劳动强度和用工开支。水肥一体系统应用则可以将病虫害防治用药结合输送，达到合理节水、有效减药、科学用肥的节本增效目标。适宜地区开展中小型机械化播种和收获，有效地提高了生产效率。

（二）技术创新点

开展配套的适宜品种、肥料品种及施用技术、农药品种及施用技术、保墒耕作技术研究，探讨耕作制度中冬马铃薯与玉米轮作技术，集成技术模式并开展应用，可提高广西土地复种系数，综合利用光、热、水和冬闲田资源增加收益，对广西土地增产、农民增收、农业增效具有重要促进作用。

四、技术示范应用与效果

（一）示范应用

2015—2019 年本技术模式在广西南宁市及其他主产区建立的玉米、马铃薯示范点开展了示范应用。（图 3～图 5）

核心区 1：冬马铃薯和玉米示范基地设在南宁市武鸣县罗波镇联新村，核心示范区有 100 亩，开展了冬马铃薯新品种高产技术示范，参加示范的品种为费乌瑞它、桂农薯 1 号。

展示区：面积 100 亩，围绕核心区建设，开展马铃薯品种展示。

辐射区：通过观摩、培训等活动，辐射武鸣县冬种马铃薯面积 7 000 亩。

核心区 2：冬马铃薯种植示范基地设在钦州市浦北县小江镇六桥村，与浦北县农业局、江城镇技术推广总站、浦北顺丰农作物专业合作社共建马铃薯种植基地。该试验地是水稻田，技术核心区面积 188 亩。开展了冬马铃薯新品种/水稻/玉米周年生产技术示范。

辐射区：通过观摩、培训等活动，辐射钦州市冬种马铃薯面积 10 000 亩。

核心区 3：玉米、马铃薯新品种节肥技术示范、品种展示、水肥一体化节肥节水试验示范区，设在南宁市西乡塘区坛洛镇坛洛村壮恩岭，核心技术区面积 150 亩，周边连片种植面积超过 10 000 亩。

核心区 4：冬马铃薯—春玉米节肥减施技术试验示范区设在南宁市江南区吴圩镇明阳村。技术示范核心面积 60 亩，辐射面积 5 000 余亩。

在示范基地建设和技术示范中，课题组开展技术培训 23 场，培训人员 8 600 余人次。

图 3　广西玉米"三节"技术示范区机收现场

图 4　广西马铃薯"三节"技术示范（一）

图 5　广西马铃薯"三节"技术示范（二）

（二）示范应用效果

2017—2019 年集成技术累计示范面积：马铃薯 3 002 亩，鲜食玉米 850 亩，普通玉米 2 625 亩，辐射推广马铃薯 43 730 亩，鲜食玉米 17 500 亩，普通玉米 46 416 亩。种植节支马铃薯 434.625 万元，鲜食玉米 166.25 万元，普通玉米 578.32 万元。

通过示范区建设（图 6～图 7），按照有关技术进行冬马铃薯示范种植、冬马铃——鲜食玉米—秋玉米轻简轮作技术示范，取得较好的经济、社会和生态效益（见表 2）。

表2 集成技术在广西示范应用情况

县（市）	年份/年	作物种类	示范	辐射种植	
			面积/亩	面积/亩	节支/万元
横县	2018	鲜食玉米	350	8 000	76.0
	2019	鲜食玉米	500	9 500	90.25
	2018	马铃薯	320	4 300	51.6
	2019	马铃薯	420	5 400	64.8
钦州	2018	马铃薯	512	9 860	73.95
	2019	马铃薯	1 050	10 170	76.275
	2018	玉米	510	10 250	76.875
	2019	玉米	565	10 166	76.245
武鸣	2017	马铃薯	300	7 500	90
	2018	马铃薯	400	6 500	78
	2017	玉米	200	3 500	33.25
	2018	玉米	350	4 500	42.75
马山	2018—2019	玉米	1 000	18 000	349.2
合计		马铃薯	3 002	43 730	434.625
		鲜食玉米	850	17 500	166.25
		普通玉米	2 625	46 416	578.32

图6 广西玉米机械播种

图7 广西玉米田间管带喷淋

五、当地农户种植模式要点

（一）广西当地冬马铃薯种植（表3～表4）

广西冬种马铃薯以冬闲田为主，部分在旱地或是缓坡地种植；广西水田地块大小不一，北方的马铃薯种植机械在广西冬闲田上不适用，马铃薯以人工种植为主，生产上机械化程度较低。

种植主要品种为费乌瑞它，约占种植面积的70%。种植日期在10月下旬至12月上旬；种薯基本上从北方调运，播种以切薯为主。近几年天气异常，冬季下雨多，尤其是在马铃薯种植后10月下旬和11月上中旬降雨，导致水田种薯烂种严重，旱地和缓坡地情况较好。冬闲水田马铃薯亩产1 200～1 700 kg，旱地和缓坡地平均亩产2 000～2 200 kg。

由于农业劳动力转移及人口老龄化，马铃薯种植管理粗放，田间灌水采用全田大水沟灌为主，生育期平均灌水4次。少数有实力的公司采用喷灌和滴灌方式，滴灌22次。由于种植效益较高，生产盲目施肥的现象普遍存在。肥料投入大且以化肥为主，常用复合肥175～200 kg/亩，高的达300 kg/亩，另外还会增施微量元素肥30 kg/亩，硫酸钾25 kg/亩。施肥方式以一次性施肥为主，肥料浪费大；使用的肥料质量参差不齐。

广西部分种植户对马铃薯病害没有预防为主的意识，看到病虫害发生时才用药防治，病害发生对马铃薯造成严重减产。一些形成规模且有实力的公司病虫害预防比较好。生产上普遍采用地膜覆盖，草害则较轻。

表3 广西马铃薯灌溉情况调查表

种植方式	样本量/份	灌水次数		灌水量/m³		平均产量/（kg·亩⁻¹）
		范围	平均	范围	平均	
传统技术	11	4	4	40～50	40	1 600
高产创建	5	20～25	22	30～37.5	35	2 150
项目技术	2	15	15	22.5	22.5	2 030

表4 广西冬种马铃薯施肥情况调查表 （单位：kg/亩）

种植方式	样本/份	有机肥		复合肥		硫酸钾		施肥次数	平均产量/（kg·亩⁻¹）
		范围	平均	范围	平均	范围	平均		
传统技术	13	400～600	450	175～200	180	0	0	1	1 670
高产创建	6	500～1 000	800	150	150	20	20	3	2 178
项目技术	2	500	500	150	150	20	20	3	2 088

（二）广西当地普通玉米生产

广西普通玉米生产缺乏深耕深翻，耕层普遍较浅。生产上机械化程度不高。近年零星有机械播种。生产以雨养为主，灌溉水利用率低。无灌溉条件的地区生产上等雨播种，出苗后至收获一般也是靠自然降水。节水潜力的发挥主要是集雨保墒、覆盖抗旱栽培技术措施和使用相对耐旱品种。有灌溉条件的地区干旱发生时进行补灌，以大水漫灌为主，由于田块往往封不住水，水分利用率低，故而水资源浪费严重。

广西玉米生产成本较高，效益偏低；在玉米生产过程中盲目施肥的现象普遍存在；以化肥为主，生产上常见方式为一次性亩施（N：P_2O_5：K_2O = 15：15：15 或 N：P_2O_5：K_2O = 17：17：17）复合肥50～60 kg，少数增施15 kg硫酸钾。有机肥料投入很少。科学施肥到位率低。

广西玉米生产重视虫害防治,玉米虫害主要有黑毛虫、黏虫、玉米螟、棉铃虫、斜纹夜蛾、草地贪夜蛾等,各地常年危害情况不一。生产上采用抗虫品种、种子包衣和药物防治,防治次数视虫害发生情况 2~6 次/季不等。玉米生产上常见病害包括锈病、纹枯病、青枯病等。采用抗病品种,可以对锈病的有效率可达到 100%。纹枯病常于低洼积水的情况下发病,目前没有抗病品种。采用耐病品种、栽培技术、病叶剥除等方法,可有效降低纹枯病发生及危害程度,综合使用上述技术预计危害可降低 80%。青枯病一般发生在多雨高温季节,采用抗病品种和栽培技术,综合防治效果达 75%~100%。

生产上普遍使用喷施 1~2 次除草剂防治杂草。

据调查,受自然条件限制和栽培技术影响,广西玉米产量差异较大,单产 258~550 kg/亩。(表 5~表 7)

表5 广西旱地玉米灌溉情况调查表

种植方式	样本量/份	灌水次数		灌水量/m³		平均产量/(kg·亩⁻¹)
		范围	平均	范围	平均	
传统技术	18	0	0	0	0	478.5
高产创建	6	0	0	0	0	550.7
项目技术	3	0	0	0	0	505.3

表6 广西丘陵地区玉米施肥情况调查表

种植方式	样本量(份)	N		P_2O_5		K_2O		施肥次数	平均产量/(kg·亩⁻¹)
		范围	平均	范围	平均	范围	平均		
传统技术	25	11.5~12.8	11.8	5.2~6.8	5.5	8.2~9.3	8.5	2.25	423.2
高产创建	6	12.2~13.4	12.5	6.3~7.5	6.4	9.1~10.5	9.6	3	542.3
项目技术	7	11.0~12.0	11.4	5.1~6.3	5.2	7.8~8.5	8.1	1	502.8

表7 广西马铃薯灌溉情况调查表

种植方式	样本量/份	灌水次数		灌水量/m³		平均产量/(kg·亩⁻¹)
		范围	平均	范围	平均	
传统技术	11	4	4	40~50	40	1 600
高产创建	5	20~25	22	30~37.5	35	2 150
项目技术	2	15	15	22.5	22.5	2 030

(三)广西当地鲜食玉米生产

广西鲜食玉米生产水平不一,东南部规模化生产区技术接受水平高,生产水平也较高。旱地、水田均有种植。部分地区有灌溉。水田种植时采用起垄免耕育苗栽培。鲜食玉米效益好,肥料投入大。生产上亩用复合肥(N:P_2O_5:K_2O = 15:15:15)80~

100 kg/亩，一次性施入或追肥 1 ~ 2 次。生产上有肥料撒施不覆土现象，撒完后垄间灌水。生产上重视抗病品种的使用。由于商品性要求高，大家普遍重视虫害防治，生产上多采用化学防治。组织程度高的生产区域（企业），也常用频振式杀虫灯或性诱剂防治害虫。普遍使用除草剂。

鲜食玉米产量 500 ~ 700 kg/亩。

六、节水节肥节药效果分析（表8）

（一）马铃薯节水节肥节药效果分析

与非技术示范区马铃薯生产相比，技术应用区水分利用率提高 30.0%；节药 37.5%，节省成本 39.75 元/亩；节肥率 27.6%，节省成本 25.00 元。节省 1 个工，减少开支 85 元。合计节本增收 1 319.00 元/亩。三节综合效益 29.7%。

（二）玉米节水节药效果分析

与非技术示范生产区相比，玉米技术应用区水分利用率提高 27.5%；节药率 50.0%，节省成本 20.00 元/亩；节肥率 23.5%，节省成本 67.5 元。节省施肥 1 个工，减少开支 85 元。合计节本增收 248.00 元/亩。三节综合效益 25.4%。

表8　节水节药效益分析表

技术模式名称	广西盆地玉米田间节水节肥节药生产技术模式	广西盆地冬作马铃薯田间节水节肥节药生产技术模式
辐射应用面积/亩	63 916	46 330
示范区产量/（kg·亩$^{-1}$）	548.11	2 225.78
农户产量/（kg·亩$^{-1}$）	489	1 775.09
平均增产量/（kg·亩$^{-1}$）	59.11	450.69
增产率幅度/%	12.09	22.04
平均增产率/%	12.09	22.04
增产量/t	167.7	1 398.04
折粮/t	167.7	279.6
单价/（元·kg^{-1}）	2	2.5
增加产值/万元	34	350
水分利用率/%	27.5	30
农户用药成本/（元·亩$^{-1}$）	40	106
节药率/%	50	37.5
节药成本/（元·亩$^{-1}$）	20	39.75
农药节本/万元	5.7	12.3

技术模式名称	广西盆地玉米田间节水节肥节药生产技术模式	广西盆地冬作马铃薯田间节水节肥节药生产技术模式
节肥率/%	23.5	27.6
节肥单价/（元·kg^{-1}）	4.5	4.50
节肥单位成本/（元·亩$^{-1}$）	25.00	67.5
肥节本/万元	7.1	20.9
肥药节本/万元	13	33
少施肥药节约1个工/（元·亩$^{-1}$）	85	85
节劳成本/万元	24	26
肥药劳节本/（元·亩$^{-1}$）	130.00	192.00
节本/万元	37	60
节本增效/万元	70	409
亩节本增效/（元·亩$^{-1}$）	248.00	1 319.00
三节综合效益/%	25.40%	29.70%